U0172726

谦德少年文库

QIANDE JUVENILE LIBRARY

给孩子的几何四书
轨　迹

许莼舫 著

团结出版社

图书在版编目（CIP）数据

轨迹 / 许莼舫著. — 北京：团结出版社, 2020.9

（给孩子的几何四书）

ISBN 978-7-5126-8441-6

Ⅰ. ①轨… Ⅱ. ①许… Ⅲ. ①几何—青少年读物

Ⅳ. ①O18-49

中国版本图书馆CIP数据核字(2020)第227165号

出版：团结出版社

（北京市东城区东皇城根南街84号 邮编：100006）

电话：(010) 65228880 65244790 (传真)

网址：www.tjpress.com

Email：zb65244790@vip.163.com

经销：全国新华书店

印刷：北京天宇万达印刷有限公司

开本：145×210 1/32

印张：25

字数：350千字

版次：2021年1月 第1版

印次：2021年1月 第1次印刷

书号：978-7-5126-8441-6

定价：128.00元（全4册）

作者的话

有些中学同学在学习平面几何学的时候，由于对基本概念了解得不够清楚，即使对定理和法则都明白也不会灵活运用，因此难于获得良好的学习效果。作者因为有这样的感觉，才编写了这一套小书。这套书分《几何定理和证题》《几何作图》《轨迹》和《几何计算》四册。内容主要是：(1)帮助同学们透彻了解教科书里的材料；(2)把这些材料分类和总结，指导同学们去运用，从而掌握解题的正确方法；(3)通过多道例题，对同学们做出较多的引导和启示，借此获得观摩的效果；(4)提供一些补充材料，使同学们扩大眼界，充实知识，提高理论基础水平，为进一步学习创造有利条件。

在平面几何学中的轨迹部分，原是进修高等数学的重要基础，但因这个概念比较抽象，在一般书里又不能解释得十分详尽，所以同学们对它最感困难。

本书第一章，以充裕的篇幅，对学习轨迹应有的基本知识做了详细的讲解。关于轨迹要怎样去探求，怎样去证明，都有反复指导，使读者在实际解题时不致有茫无头绪的感觉。

第二章用具体的实例，分别引出七条基本轨迹定理，再根据它们来用简法解决许多轨迹问题。

另外有几个重要的轨迹题，也是在解某些轨迹题时需要引用的，本书在第三章里举出它们的解法，并示应用的例子。

轨迹题原须分两方面证明，但一般对中学生的要求，只要能用简法，把题中的轨迹归结到基本轨迹或已知的重要轨迹，从而在图中作出，并说明它是怎样的线也就够了。本书主要是给中学生阅读的，所以在第二、三两章的全部例题，都是用简法来解的。在简法中，虽然只确定了合于条件的点都在这线上，但因中学程度所学到的轨迹题比较简单，如果这线的某一部分上的点不合条件，很容易检查得出，我们只要把它剔除就是了。水平较高的读者，不妨将本书例中所略去的部分自行补出，即加一段证明，证在这线上的点都合条件。

本书第二、三两章的研究题，是分列在有关轨迹定理的后面的。照这样编排，无疑是提示了这一问题该用哪一条基本定理，使读者在研究时获得便利，将来在解决别处遇到的类似轨迹题时，自然可以事半功倍了。

　　在本书的最后一章里，因为轨迹和作图联系最多，所以举了一些应用轨迹的作图题，以补《几何作图》一书的不足。

　　本书在编写时虽经仔细斟酌，但错误之处还恐难免，希望读者多多批评和指正。

许莼舫

目录 *contents*

一、基本知识

怎样叫作轨迹

我们为了保卫祖国安全，抵抗外来侵略，必须要加强国防建设。关于巩固国防的利器，像大炮、飞机之类，同学们一定都有一些初步的认识。这里先拿大炮做例子，来说明数学上的一个重要事实：

假定用一尊大炮来做一次射击演习，把这大炮固定在炮位上，使它能绕炮位自由旋转，然后以一定的射程向各方发射。这时你可以看到，炮弹着地的各点刚好排列成一个圆形；这圆的圆心就是炮位，半径就是射程，如右图。假使炮弹着地的各点非常

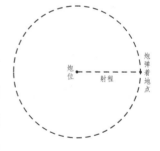

密集，你就看不到任何一点，而只见一整个的圆周——简称圆，就是一条封闭的曲线。这样不断地向各方发射，炮弹着地的点永远在这一条曲线上，决不会到曲线的外面去。

在上面的例子中,炮弹着地的各点必须和一个定点(就是炮位)有一定的距离(就是射程),才能集合而成这样的一个圆。"和一个定点有一定的距离"是一个条件,凡是在这圆上的点都符合这一条件,而不在这圆上的点都不符合这一条件。这圆是许多符合同一条件的点集合而成的,好像玩具火车的环形轨道一样。这样的符合同一条件的许多点的痕迹,就称作是"符合指定条件的点的轨迹"。

接着再用飞机做例子,来说明轨迹的另外一个意义:

飞机的推进器,是用两片或多于两片的螺旋桨装在转

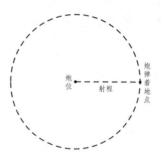

动轴上组成的。当机器发动,推进器开始旋转的时候,我们看见任何一片螺旋桨的外端,在围绕着轴心做圆周运动。这样运动所形成的圆周,是以轴心为圆心,以桨长为半径的。因为桨端和轴心的距离——等于桨长,是固定不变的,所以桨端在运动中的位置,决不会超出圆的弧线以外。这圆是一点依照确定的条件运动所形成的轨迹,也就是一点在这样运动时轨迹的路线,所以称作是"这动点的轨迹"。

把上述轨迹的两种意义比较一下:后者所说的虽然只有一点,但这一点是动的,当它动到另外的位置,就产生第

二点、第三点等，而这些点的性质，当然也都适合指定条件。又因这点不会动到一定的路线以外，所以线外的点不会符合指定条件。

　　从本质上说，前者是用静止观点来解释的，后者是用运动观点来解释的。前者说明轨迹是符合指定条件的各点的总和，后者说明轨迹是一动点依照指定条件运动的路线。轨迹的这两种意义我们必须好好理解，特别是后一种意义。初学的人往往把几何图形看作静止的、固定的，而不容易产生表面上是静止、固定的几何图形，也可以代表运动的观念。我们知道一切事物都是不断在运动发展的，我们如果只知道用静止的观点来看几何图形，不知不觉会养成用静止的观点去看一切事物的习惯，那就大错特错了。不过这并不是说用静止的观点来说明轨迹是错误的，因为事物虽然在不断运动发展，但也有相对的静止，我们用静止的观点来说明轨迹，正是根据事物有相对静止这个事实。当然，要特别注意静止只是相对的。

　　利用运动观点来解释"一个动点和一个定点保持一定的距离而运动，它的轨迹是一个圆"，是再简单不过的了。同学们在用圆规画一圆（或工匠用剪刀画圆）的时候，曾经注意到这一点吗？圆规的一只脚是一个针头，在纸上钉着的一个点就是一个定点，另一脚上所附铅笔的尖端就是一个动点，两脚做适当地张开，就是使两点间保持一定的距离，笔尖在纸上画成的一个圆，就是这一个动点运动一周所经的路线，也就是这动点的轨迹。这原是在学习几何时常见的事实，不过同学们一般都不怎么注意罢了。

上面为方便起见，只举了一个轨迹是圆的例子，实际我们如果把指定的条件改变，那么轨迹的形状可能也跟着改变。在初等数学里面所讨论的轨迹，除圆以外，有的是直线——两端都无限，有的是线段——两端都有限，有的是射线———端有限，另一端无限，有的是圆弧。在每一指定条件下的点，它的轨迹有时还不止一条线。关于这许多不同的情况，我们为了叙述方便，这里暂且不讲，同学们读到下面的几节，自然会完全明了。

轨迹题的三种类型

　　同学们已经学过了几何定理和证明题，一定都知道每一条定理或每一道证明题总可分为"假设"和"终结"两部分。"假设"是图形中已知的性质，"终结"是要我们证明的其他性质，可说只有这样的一种类型。再就作图题来说，也包含两个部分，一是告诉我们已知的条件，二是吩咐我们要作怎样的图形，千题一律，找不到另外的一种类型。现在我们要研究轨迹题了，轨迹题是不是也只有一种类型呢？答案是不是，这和前面的完全不同，它的类型可以分为三种。要知道详情，必须先明了轨迹题的内容究竟有哪几个部分。

　　诸位读过了上面的一节，已经知道轨迹是一点在指定条件下运动所经的路线。所谓指定条件，如"和一个定点有一定的距离"等，是最关紧要的，因为这动点必须要有条件去限制它，才能做有规则的运动，从而产生轨迹；假使不受条件限制，这动点可以随便乱动，就无一定路线，结果就无法求出轨迹。可见这指定条件, 是轨迹题中决不可少的一个重要部分。有了指定条件以后, 相应地就可以决定轨迹的形状; 有的轨迹是圆, 有的轨迹是直线, 这各种不同的形状, 当然也是轨迹题的重要部分。假定我们在某一问题中, 单说轨迹是圆, 或是一条直线, 这种说法不够具体。因为如果形状都是圆, 其圆心的位置可能不同, 半径的长短也可能两样; 同是直线, 就位置来说, 有的是平行于已知直线的, 有的是垂直平分已知线段的, 就长短来说, 有的是无限的, 有的是有限的。所以我们单说轨迹是什么形状, 还不够准确, 应该把位置和长短一齐说出来, 这样才可以画出符合指定条件的图形。

综合上述各点, 知道轨迹题一般包含三个重要部分: 第一是指定的条件, 第二是轨迹形状, 第三是轨迹的位置和长短。

轨迹题的内容, 我们已经把它分析得很清楚了, 但从题目的表面不一定能看到全部内容。关于指定条件, 是每一个轨迹题都须详细叙明的, 至于其他两个部分, 有的只表述形状, 有的是完全没有, 因而形成轨迹题的三种不同的类型。这三种类型, 可以通过几个典型例子来说明:

(1) 一动点(P)距一条定线段(AB)的两端等远, 它的轨迹是一条直线(CD), 这条直线就是定线段的垂直平分线。

在这一道题中，"距一条定线段的两端等远"就是指定条件，"一直线"就是轨迹的形状，"定线段的垂直平分线"就是说明了它的位置必须通过定线段的中点，且和定线段垂直，长度是无限的。这

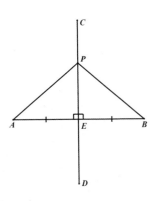

样就把指定的条件、轨迹的形状以及轨迹的位置和长短完全表达了出来。要解这道题，只需根据几何定理，给它一个证明，就可以了事，算是最容易的。

（2）一动点距一条定线段的两端等远，它的轨迹是一直线。

这道例题只表述了条件和形状，至于这轨迹是在什么地方、长短怎样，还隐藏在题目里面。这种题目的解决办法，不像前面的那样简单，必须先要探求出这条直线的位置和长短，然后再加以证明。

（3）一动点距一条定线段的两端等远，求这动点的轨迹。

用这样一种方式来提问题，它只说出了指定的条件，其余的全部隐藏起来，要我们一样一样去摸索。先探求这轨迹的形状，再探求这轨迹的位置和长短，最后才能证明它。同

前面的比较起来，这是最难解决的。

通过上面的三个例子，我们把轨迹题分成如下的三种类型：

〔第一类型〕 有条件，有形状，又有位置和长短。

〔第二类型〕 有条件，有形状，但没有位置和长短。

〔第三类型〕 有条件，没有形状，也没有位置和长短。

在这三种不同的类型中，我们可以看出，第一类型有假设，又有完全的终结，可以称作轨迹定理，只要证明一下就行；第二类型有假设，又有不完全的终结，也可称作轨迹定理；第三类型只有假设，没有终结，这是求轨迹题，先要把这轨迹探求出来，然后才可以证明它。我们从下一节起，依次讲述轨迹的证明和探求的方法。

轨迹题要两面证

上节讲过几何定理和作图题都只有一种类型, 轨迹题却有三种类型, 这是二者之间的第一个区别。每一个定理和作图题都只要证明一次, 但每一轨迹题却要连证两次, 这是第二个区别。通常证明一道轨迹题, 必先证顺的一方面是正确的, 接着再证逆的一方面也是正确的, 这样才可以认为切实可靠。这必须要证明的两方面, 可以写成如下的一般形式:

（a）顺的方面　凡在这线[1]上的点, 都能符合指定条件。

（b）逆的方面　凡能符合指定条件的点, 都在这线上。

那么为什么要大费周折, 一证再证呢? 这里当然要说出

1.所谓"这线", 有时是一条线, 有时是几条线, 有时是无限长的线, 有时是有限长的线。

一个道理来。

譬如有一道轨迹题："一动点(P)和一条定直线(AB)保持一定的距离(d)而运动，求这动点的轨迹。"我们探求到一条直线CD，它是平行于

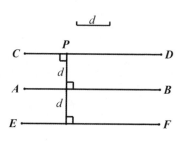

AB，且和AB的距离等于d的，从"两平行线处处等距离"的定理，可证"凡在CD上的点，都和AB有一定的距离d"，就说所求的轨迹是一直线CD，这就犯下了错误。因为除CD外，还有另一平行线EF也是所求的轨迹，被忽略了。

可见证一道轨迹题，如果单证(a)而不证(b)，只注意到这线上的点能符合指定条件，没考虑到能符合指定条件的点也许不全在这条线上，结果使求到的轨迹有不充足的弊病。

又如有一轨迹题："一动弦[1]在定圆内平行移动，求它的中点的轨迹。"我们假定这动弦在运动中的一个位置是AB，中点是L，从定理"通过圆的圆心和弦的中点的线，必垂直于弦"，可证"动弦AB的中点L，在过圆心O垂直于这弦的XY线上"，于是说所求的轨迹是一直线XY，无意间也造成了错误。

---

1. 通常所说的动弦，不但位置在变动，它的长短也是变动的。至于它的中点，能跟着它运动，当然是一个动点。

因为这动弦常在圆内, 它的中点决不
会运动到圆外去, 所以除 PQ 线段上
的点能符合指定条件外, 其余在 PX
和 QY 上的点, 都是不符合指定条件
的。因此, 所求的轨迹只能说是线段
PQ, 而不能说是直线 XY。

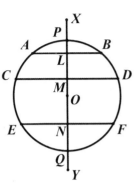

　　可见单证 (b) 而不证 (a), 就只
注意到符合条件的点在线上, 没考虑到线上的点也许不完
全都符合条件, 结果使求到的轨迹中存在着不符合条件的
部分。

　　综上所述, 知道证轨迹题若单顾一面, 会使求到的
轨迹不完全符合指定条件。不证 (a) 就可能得到不必要的
轨迹, 不证 (b) 就可能得到不充足的轨迹, 因此我们可以
称 (a) "在线上的点合条件" 是轨迹的必要性 (也叫纯粹
性), (b) "合条件的点在线上" 是轨迹的充足性 (也叫完备
性)。

　　再说得明白一些, 必要性的意思是线上各点必须有同
一性质——就是符合同一条件; 通俗地讲, 就是每一题中
的轨迹, 必须具备 "清一色" 的性质。充足性的意思是线上
各点的性质必须和线外各点的性质不同; 通俗地讲, 每一题
中的轨迹, 必须具备 "只此一家, 别无分号" 的性质。必要

性和充足性应该同时证明, 结果才算切实可靠。

为了加深同学们对轨迹证明题必要性和充足性的理解, 下面举一个具体的例子:

【范例1】一动线段, 一端固定在一点P, 另一端沿定直线AB而运动, 那么它的中点的轨迹是一直线, 这直线是AB的平行线, 且距P和AB等远。

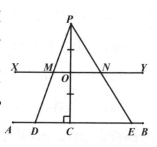

假设: 定点P和定直线AB, PC⊥AB, O是PC的中点, 过O作XY//AB。

求证: 一端是P而另一端在AB上的动线段的中点的轨迹是XY。

【思考】要证XY是这动点的轨迹, 第(Ⅰ)步必须先证它的必要性, 就是证"凡在XY上的点都可以做题设线段的中点"。第(Ⅱ)步要证它的充足性, 就是证"凡题设线段的中点都在XY上"。

证(Ⅰ)在XY上任取一点M, 连PM, 延长交AB于D。

因为PO=OC, MO//DC, 所以PM=MD (过△一边中点而//另一边的线, 必平分第三边), 即M是PD的中点。

(Ⅱ)从P到AB作任意线段PE, 取PE的中点N, 连ON。

因为 $PO=OC$，$PN=NE$，所以 $ON/\!/CE$（△的中位线定理）。

但 $XY/\!/AB$，所以 ON 合于 XY（过 AB 线外的同一点 O，只能作 AB 的一条平行线），即 PE 的中点 N 在 XY 上。

总结　从证明（Ⅰ），知道凡在 XY 上的点都符合指定条件，从证明（Ⅱ），知道凡符合指定条件的点都在 XY 上，所以这动点的轨迹是 XY。

注意一　上例的"思考"一项，不过是表明证题前应有这一个思索的过程，留给同学们做参考的，在实际证题时当然不必写出。

注意二　一个轨迹题既要从两方面证明，还要做一个总结，说明所求的轨迹确实是题中所说的某线。

注意三　证轨迹题时，不必像初学几何定理那样，拘泥于刻板的形式。不很重要的或显而易见的理由，也可以酌量省略。

两面证的变通

我们认识了轨迹的必要性和充足性以后，进一步来把这两种特性的本质和相互间的关系考查一下：

(a)必要性　凡在这线上的点，都能符合指定条件。

(b)充足性　凡是符合指定条件的点，都在这线上。

在这两个叙述中，每一叙述都可分为两半段。(a)的上半段"假使一点是在这线上"是一个假设，下半段"那么这点是符合指定条件的"是一个终结，可见这一个叙述可以算作一条定理。有(b)的上半段"假使一点是符合指定条件的"是假设，下半段"那么这点是在线上"是终结，也可以算作一条定理。(b)的假设和终结刚好是从(a)逆转而成的。

诸位还记得在学习几何定理和证明题的时候，我们说过定理可以从一变四吗？这轨迹的必要性和充足性既然可以认作两条定理，而且它们的假设和终结又刚巧是逆转来的，那么它们不就可以认为互相成为"逆定理"吗？大家都知道，原定理正确时，它的逆定理不一定会正确[1]，所以这两者必须分别证明，缺一不可。

每一命题除了可以得到一逆命题外，如果把"是这样"和"不是这样"对调过来，又可得一"否命题"，如果既逆转而又对调，所得的是"逆否命题"。我们无妨再照这样变化一下，得到下列两个命题：

(a') 凡不符合指定条件的点，都不在这条线上。

(b') 凡不在这条线上的点，都不符合指定条件。

其中(a')和(a)互成逆否命题，原命题和逆否命题的关系你还记得吗？它们要正确就全正确，要不正确就全不正确，因而(a')和(a)可说是步调一致的。从(a)可判定轨迹的必要性，从(a')就同样可以用来判定。可见我们在证轨迹的必要性时，不证(a)而换证它的逆否命题(a')，也是一个好方法。

再者，(b')原是(a)的否命题，而(b')和(b)也互成逆否命题，两者也取一致的步调。从(b)既可判定轨迹的充足性，那么从(b')也可以判定。我们要证轨迹的充足性，证(b)或证(b')结论是一样的。

综上两点，我们知道要证一道轨迹题，虽然要从两方

1.一个叙述还不知道它是否正确时，应称命题而不称定理。

面去证明，但不必拘泥于上节所讲的 (a) 和 (b) ，我们尽可便宜行事，任意变通，证必要性时，在 (a) 和 (a') 两者中任证一种；证充足性时，在 (b) 和 (b') 两者中任证一种即可。

【范例2】一动点距一条定线段的两端等远，它的轨迹是一直线，这直线就是定线段的垂直平分线。

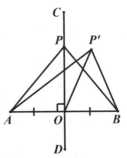

假设：定线段 AB ，过 AB 的中点 O 作垂线 CD 。

求证：距 A 、 B 等远的点的轨迹是直线 CD 。

【思考】要证这动点的轨迹是 CD ，第（Ⅰ）步证 (a) 的必要性，就是证"在 CD 上的点距 A 、 B 等远"，第（Ⅱ）步证 (b') 的充足性，就是证"不在 CD 上的点距 A 、 B 不等远"。

证（Ⅰ）在 CD 上任取一点 P ，连 PA ， PB 。

在 $\triangle POA$ 、 $\triangle POB$ 中， $AO=OB$ ， $\angle POA=\angle POB=90°$ ， $PO=PO$ ，所以 $\triangle POA\cong\triangle POB$ （边、角、边）， $PA=PB$ 。

（Ⅱ）在 CD 外任取一点 P' ，连 $P'A$ ， $P'B$ ， $P'O$ 。

因为 $P'O$ 不是 AB 的垂线（过 AB 上的一点 O 只能作 AB 的一条垂线），所以 $\angle P'OA\neq\angle P'OB$ 。又因 $AO=OB$ ， $P'O=P'O$ ，所以 $P'A\neq P'B$ （两个 $\triangle$ 的两组边相等，若夹角

不等,那么第三边也不等)。

总结 从(Ⅰ)知CD上的点符合条件,从(Ⅱ)知不在CD上的点不符合条件,所以CD是这动点的轨迹。

【范例3】一动线平行于△ABC的一边BC,在这三角形内移动,它的中点的轨迹是一线段,这线段就是BC上的中线。

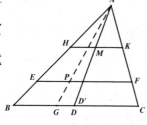

假设: AD是△ABC的中线。

求证: 平行于BC而在△ABC内的线段,它的中点的轨迹是AD。

【思考】先依(a')证AD的必要性,就是证"不是这些线段的中点不在中线AD上",再依(b)证AD的充足性,就是证"是这些线段的中点,必在中线AD上"。

证: (Ⅰ)在△ABC内作任意线段EF//BC,分别交AB、AC于E、F,在EF上取P点,但P不是EF的中点。连接A、P,延长交BC于G。

因为EP:PF=BG:GC(从一点所引三射线,截两平行线成比例线段),且EP≠PF,就是EP:PF≠1,用前式代入,得BG:GC≠1,就是BG≠GC,AG不是△ABC的中线,所以P不在中线AD上。

（Ⅱ）在△ABC内作$HK/\!/BC$，分别交AB、AC于H、K，取HK的中点M，连AM，延长交BC于D'。

因$HM:MK=BD':D'C=1$，就是$BD'=D'C$，D'是BC的中点，所以D'必合于D，AD'必合于AD，HK的中点M在AD上。

总结　从（Ⅰ）知不符合条件的点不在AD上，从（Ⅱ）知符合条件的点在AD上，所以AD是这动线段的中点的轨迹。

研究题一

（1）一动线段的一端固定在一点P，另一端沿定直线AB而运动，假使依定比$m:n$内分这线段，那么它的分点的轨迹是一直线，这直线平行于AB，且距P和AB的比等于定比$m:n$。

（2）平行四边形的一角合于定三角形ABC的$\angle A$，它的对角顶点在BC上运动，那么它的两对角线交点的轨迹是一线段，这线段是AB、AC两边中点的连线。

提示：同范例1比较，但须注意所求的轨迹不是一直线，而是一线段。

（3）一圆切于一条定直线上的一个定点，它的圆心的轨迹是一直线，这直线是过定直线上的定点的垂线。

（4）一圆切于一个定圆上的一个定点，它的圆心的轨迹是一直线，这直线通过定圆的圆心和该定点。

（5）四边形$ABCD$的周长一定，$\angle A$的位置和大小一定，但AB、AD两边的长可以任意变动，那么C点的轨迹是一线段，这线段是以$\angle A$为顶角、半周为腰的等腰三角形的底边。

提示：必要性依（a）证，充足性依（b）不易证，可依（b'）证。

四定理合成一轨迹定理

　　前面举过的三个范例，都是轨迹定理。每一轨迹定理，都要从两方面证明，那么轨迹的必要性和充足性都可以成立，但必要性和充足性各有一逆否定理，亦同时成立，所以把每一轨迹定理加以分析，一定包含着四条普通的几何定理。

　　譬如把范例2的轨迹定理分析一下，得：

　　(a) 在线段的垂直平分线上的点，距这线段的两端等远。

　　(b) 距线段的两端等远的点，在这线段的垂直平分线上。

　　(a') 距线段的两端不等的点，不在这线段的垂直平分线上。

　　(b') 不在线段的垂直平分线上的点，距这线段的两端不等。

其中的 (a) 和 (b) 是早经证明的普通几何定理，所以范例2的轨迹定理当然成立。

反过来说，假使我们已经学过两条普通几何定理，它们是互成逆定理的，如：

(a) 在角的平分线上的点，距这角的两边等远。

(b) 距角的两边等远的点，在这角的平分线上。

那么它们各有一如下的逆否定理，一定也是正确的：

(a') 距角的两边不等的点，不在这角的平分线上。

(b') 不在这角的平分线上的点，距这角的两边不等。

于是从这四条定理，就能合成一轨迹定理："距角的两边等远的点的轨迹，是这角的平分线。"

假使我们学过的两条几何定理是互成否定理的，如：

(a) 在圆上的点，和圆心的距离等于半径。

(b') 不在圆上的点，和圆心的距离不等于半径。

那么如下的逆否定理也正确：

(a') 和圆心的距离不等于半径的点，不在圆上。

(b) 和圆心的距离等于半径的点，在圆上。

从这四条定理也能合成一轨迹定理："和定点的距离等于定长的点的轨迹，是一个圆，它以定点为圆心，定长为半径。"

照这样看来，每一轨迹定理，都可以认为是从四条普通几何定理综合而成的。我们遇到"如此如此的点，在这般这般的线上"一类的定理，假使它的逆命题和否命题能同时正确，那么一定可以把它们综合起来，写成一条轨迹定理。

找不到头和尾的轨迹

　　我们在第一节所举轨迹的实例是一个圆，圆是循环无端的曲线，当然是没有头和尾的。又在前面举的范例1和2中，轨迹都是无限长的直线，它们可以达到无穷远处，也找不到头和尾。但范例3中的轨迹，是△ABC的中线AD，它是一条有限长的线段，应该可以说是有头有尾了；然而在事实上还不是这样。诸位不信，请看下文。

　　一条动线段在△ABC内，常平行于BC而移动，它的移动范围是有限的。如图所示，这线段向下移动，最低不能达到BC，因为这线段如果合于BC，就和题设

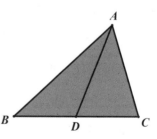

的"在△ABC内"不符，就是不符合条件。可见这线段的中点移动所能达到的最低位置，并不是D，而在AD上的D的上方。那么究竟是在D的上方多少距离呢？这倒很难说。因为

只要不是D，即使在AD上距离D点极微极微的一点，它也是符合条件的点，所以这动线段的中点的轨迹的尾端是不能明白指出的。同理，这线段向上移动，最高不能达到A处，因为达到A时这线段就没有长度，不能称其为线段，也不符合条件。可见轨迹的首端不是A，而是在AD上距A极微极微的地方，也是无法明确指出的。

照上述内容来看，我们说这一题的轨迹是AD，其实是不十分妥当的。因为AD上所有的点不能完全符合条件，必须除掉A和D两点，它的必要性才可以确立。同时知道这样的轨迹，不能明白找出它的头和尾，只能说它的头和尾是在AD线段上将要达到A和D两点的地方。

这样说来，这一题的轨迹的头和尾，似乎是和A、D两点"若即若离"的，这种性质不是很难想象吗？其实，我们来作一个譬喻，同它比较一下，就可以认识得更清楚。假定有一个人，想要从北京走到天津，他先设定了一个走的方式，每天都向前走，但第一天走全路程的一半，以后每天走剩下的路程的一半。这样，第一天走掉全路程的$\frac{1}{2}$，剩下$\frac{1}{2}$；第二天走掉全路程的$\frac{1}{4}$，剩下$\frac{1}{4}$；第三天走掉全路程的$\frac{1}{8}$，剩下$\frac{1}{8}$；以后逐天走后剩下的依次是全路程的$\frac{1}{16}$，$\frac{1}{32}$，$\frac{1}{64}$，$\frac{1}{128}$……我们假定天津那个地方是一个没有长度的点，那么他虽然离天津一天比一天近，但是永远到达不了天津，因为他同天津的距离，即使短到全路程的千千万万分之一，总还不能算作没有距离，关于这一个观念，我国的古书——《庄子》中早有记载："一尺之棰，日取其半，万世不竭。"这句话的意义，同上面的譬喻是没有什么两样的。

像这样的一个动点，在指定条件下运动，虽然能和一个定点无限接近，但永远达不到这定点，通常称这定点是这动点的极限位置。这极限位置只是说明这动点移动的范围，应该拿这定点做划分的界限，但不是它的移动终止或开始的位置。假使是一个其他的图形，像直线、直线形和圆等，依条件而移动，和另一个一定的图形无限接近而并不相合，这一定的图形也可以称作是这变动图形的极限位置。像前例中的 BC 和 A 点，都是那条动线段的极限位置。轨迹的极限位置的点，叫作轨迹的极限点，像前例中的 A 和 D 就是。

我们解轨迹题的时候，假使所求的轨迹是和范例3类似的线段——像研究题一的（2）（5）等，它的两端是不符合条件的，那么应该在总结里加一个叙述，说明这两端是轨迹的极限点，否则对于轨迹的必要性来说是不够的。

轨迹是圆的，那当然是不会有头尾了，但有时也会有极限点。下面举一个例子：

【范例4】动弦的一端固定在定圆周上的一点, 它的中点的轨迹是一个圆, 这圆是以过固定点的半径为直径的。

假设: 定点A在定圆O上, 以半径AO为直径作⊙APO。

求证: 一端是A的动弦的中点的轨迹是⊙APO。

证(Ⅰ) 先证必要性: 在⊙APO上任取一点P, 连AP, 延长交⊙O于B, 连PO。

因为∠APO=90°(半圆所对的圆周角是90°), 所以P是AB的中点(从圆心引弦的垂线, 必平分弦)。

(Ⅱ) 再证充足性: 从A作任意弦AC, 取AC的中点Q, 连QO。

因为∠AQO=90°(从圆心到弦的中点的线, 必垂直于弦), 所以Q点在⊙APO上(直角△的直角顶点在以斜边为直径的圆上)。

总结 因为从(Ⅰ)知⊙APO上的点都符合条件, 从(Ⅱ)知符合条件的点都在⊙APO上, 所以这动弦中点的轨迹是⊙APO。但因A点是这动弦的极限位置, 以A作中点的弦没有长度, 应该算是不存在的, 所以A点是轨迹的极限点。

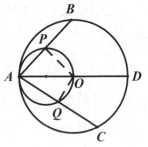

从上例可见, 这动弦中点的轨迹虽是一圆, 但要除掉

一个不符合条件的A点才对。

有时无限直线的轨迹也同样有极限点, 这轨迹在该点处也要去掉一个点, 像研究题一的(3)(4)两题中的定点就是; 因为以这定点为中心, 而切于定直线或定圆的圆是不存在的。

有的轨迹是一条射线, 像下面的例子:

【范例5】一动圆切定弓形的弦AB于一端A, 这圆和弓形弧相交的一点同B连接, 这连线和动圆交于另一点, 那么这第二交点的轨迹是从A射出的一条射线, 它和AB所成的角等于弓形角。

假设: 定弓形的弦是AB, 从A作射线AX, 使∠XAB等于弓形角。

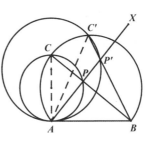

求证: 切AB于A的动圆交弓形弧于一点, 这点和B的连线再和动圆相交, 这第二交点的轨迹是AX。

证(Ⅰ)先证充足性: 过A任作一圆切于AB, 交弓形弧于C, 连BC, 交圆于P, 连AP、AC。[1]

1.切AB于A的圆虽然在另一端还有, 但和弓形弧不相交, 所以不求。

因为∠PAB=∠C（切线和过切点的弦所成的角，等于夹同弧的圆周角——简称弦切角定理），又∠XAB=∠C（假设），所以∠PAB=∠XAB，P点必在AX上（两个等角的一组边和一顶点公有，且另一组边在公共边的同侧，那么这一组边一定重合）。

（Ⅱ）再证必要性：在AX上任取一点P'，连BP'，延长交弓形弧于C'，过A、P'、C'作一圆，连AC'。

因为∠$P'AB$（就是∠XAB）=∠$AC'B$（假设），所以AB切于⊙$AP'C'$（弦切角定理的逆定理）。

总结 从（Ⅰ）知符合条件的点在AX上，从（Ⅱ）知AX上的点符合条件，所以这第二交点的轨迹是射线AX。但A点是动圆无限缩小的极限位置，拿A点做第二交点的圆不存在，所以A点是一个极限点。

注意 证轨迹题时，不一定要先证必要性，后证充足性，有时为了证明方便，不妨把次序对调一下。

有头或有尾的轨迹

　　除掉轨迹是圆和无限直线都没有头尾外，其余是不是都找不到明显的头尾呢？要解决这一个问题，最好先把下面的轨迹题看过一遍：

　　【范例6】OX、OY是两条互相垂直的固定射线，在$\angle XOY$内有一个变正三角形，它的一顶点A固定在OY上，另一顶点在OX上移动，那么第三顶点的轨迹是一射线，这射线的一端是拿AO作边的正三角形AOB的顶点B，而它的方向和AB垂直。

　　假设：二固定射线$OY \perp OX$，在OY上有一定点A，$\triangle AOB$是正三角形，$BC \perp AB$。

　　求证：一变正三角形在$\angle XOY$内，一顶点是A，另一顶点在OX上，

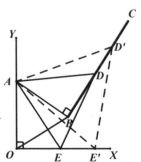

它的第三顶点的轨迹是 BO。

证（Ⅰ）先证必要性：在 BC 上任取一点 D，再在 OX 上取 $OE=BD$，连 AD、AE、DE。

因为 $AB=AO$，$BD=OE$，$\angle ABD=\angle AOE$，所以 $\triangle ABD \cong \triangle AOE$（边、角、边），$AD=AE$。

又因 $\angle BAD=\angle OAE$，两边各加 $\angle EAB$，得 $\angle EAD=\angle OAB=60°$，所以 $\angle AED=\angle ADE=60°$，$\triangle AED$ 是正三角形。

（Ⅱ）再证充足性：在 OX 上任取一点 E'，连 AE'，拿 AE' 作边，在 $\angle XOY$ 内作一正三角形 $AE'D'$，连 BD'。

因为 $\angle E'AD'=\angle OAB=60°$ 两边各减去 $\angle E'AB$，得 $\angle BAD'=\angle OAE'$，又因 $AD'=AE'$，$AB=AO$，所以 $\triangle ADD' \cong \triangle AOE'$，$\angle ABD'=\angle AOE'=90°$。

但 $\angle ABC=90°$，所以 BD' 合于 BC，就是 D' 在 BC 上。

总结　从（Ⅰ）知道 BC 上的点符合条件，从（Ⅱ）知合条件的点在 BC 上，所以射线 BC 是该动点的轨迹。

通常说"一动点在射线 OX 上移动"，意思是向 X 的一面移动可以到无穷远，向 O 的一面移动是到 O 为止，所以一动点移动到 O 时也是符合条件的。这 O 点就叫作这动点的终止位置。在前例中的变正三角形，当第二顶点移动到终止位置

O时，它的位置是AOB，也可以叫作是这变正三角形的终止位置。可见它的第三顶点的轨迹的一端B是符合条件的点，和极限点完全不同，叫作轨迹的终止点。

从此可知轨迹的极限点是不符合条件的，只能做轨迹的一个界限；但终止点能符合条件，可做轨迹的开始或终了的一点。上例的轨迹从B开始，向C射出，直到无穷远处，可以算是一个有头无尾的轨迹。

为了要表明上例的轨迹的必要性，我们应该在总结的末尾添上"这B点是轨迹的终止点"一句话。

另外还有一种有头有尾的轨迹，它是一条线段，这线段的两端都是终止点。参阅下例：

【范例7】OX、OY是两条互相垂直的固定射线，一变直角三角形的直角顶点固定在A，且在$\angle XOY$内，斜边的两端分别在OX和OY上移动，那么从A所引斜边的垂线足的轨迹是一线段，这线段的两端是从A所引OX、OY的两个垂线足。

假设：二固定射线$OY \perp OX$，在$\angle XOY$内有一定点A，$AM \perp OX$，$AN \perp OY$，连MN。

求证：一变直角三角形的直角顶

点固定在A，斜边的两端分别在OX、OY上移动，从A所引斜边的垂线足的轨迹是MN。

证（Ⅰ）先证充足性：作变直角三角形的任一位置ABC，$AP\perp BC$，那么P是符合条件的任一点。

因为$\angle BAC+\angle BOC=90°+90°=180°$，所以$O$、$B$、$A$、$C$四点共圆（四边形对角相补，四顶点共圆）。

于是知A点是$\triangle OBC$的外接圆上的一点，从A向$\triangle OBC$的三边所引的垂线足M、P、N一定共线（Simson线的定理，《几何定理和证题》），就是P点在MN上。

（Ⅱ）再证必要性：在MN上任取一点P'，连AP'，过P'引AP'的垂线，交OX、OY于B'、C'，连AB'、AC'。

因为$\angle AMB'+\angle AP'B=90°+90°=180°$，所以$A$、$M$、$B'$、$P'$四点共圆。$\angle P'AB'=\angle P'MB'$（同弧所对的圆周角相等）。

又因$\angle ANC'=\angle AP'C'=90°$，所以$A$、$P'$、$N$、$C'$四点共圆（两直角三角形同斜边，四顶点共圆），$\angle P'AC'=\angle ONM$（圆内接四边形的外角等于内对角）。

但$\angle P'MB'+\angle ONM=90°$（直角$\triangle$的两锐角相余），所以$\angle P'AB'+\angle P'AC'=90°$（替代），就是$\angle B'AC'=90°$，$\triangle AB'C'$是直角三角形。

总结 从（Ⅰ）知符合条件的点在MN上，从（Ⅱ）知MN

上的点符合条件，所以这动点的轨迹是 MN，因为 O 点是变直角三角形斜边的一端在 OY 上移动的终止位置，所以 M 是斜边上的垂线足的终止位置，也是符合条件的点，就是轨迹的终止点。同理，N 也是轨迹的终止点。

轨迹怎样探求

关于轨迹题的证明方法，同学们看过了前面举的许多范例，设想已经很熟悉了。这些范例都是属于第一类型的轨迹定理，它已经把轨迹的形状、位置和长短完全告知，只要证明一下即可；学过几何定理和证题的人，对此不至于感觉有什么困难。假使是属于第二类型的轨迹定理，它只告诉我们轨迹的形状，那么先要把这轨迹的位置和长短探究明白，在图中作出来，才能加以证明。探究的方法如下：

（1）题中只说轨迹是线段或射线的　探求变动图形的极限位置或终止位置，从而求得轨迹的极限点或终止点。假定这样的点能求到两个，就能立刻决定所求的轨迹。否则需另求轨迹上的任意点或特殊点，因两点决定该线段或射线。

譬如范例3，若题中单说轨迹是一线段，只需研究动线段的极限位置，一方是 BC，它的中点 D 是轨迹的一个极限点;另一方是A,这A也是一个极限点,于是知所求的轨迹是中线AD。

又如范例6,若题中单说轨迹是一射线,可先从变正三角形的终止位置AOB而得轨迹的终止点B,再从变正三角形的任意位置AED而得轨迹上的任意点D,从B所作过点D的射线,就是所求的轨迹。

(2)题中只说轨迹是直线的 求轨迹上的极限点(不是线的端)、特殊点和任意点,因两点决定该直线。

譬如范例1,若题中只说轨迹是一直线,可作动线段的特殊位置,就是垂直于AB的PC,它的中点O是轨迹上的特殊点;再作动线段的任意位置PD,得轨迹上的任意点M,那么过O和M的直线就是所求的轨迹。

又如范例2,轨迹上的特殊点O和任意点P,也能决定这轨迹。

(3)题中只说轨迹是圆的 求轨迹的极限点(不是线的端)、特殊点或任意点,得三点后就可决定该圆。

譬如范例4,若题中只说轨迹是圆,先从动弦的极限位置A,得A是轨迹的极限点;再从动弦的特殊位置,就是这弦达到最长时的直径AD,得圆心O是轨迹上的特殊点;又从动弦的任意位置AB,得中点P是轨迹上的任意点,那么过A、O、P三点的圆就是所求的轨迹。

（4）题中只说轨迹是弧的　求轨迹的极限点或终止点，得弧的两端；又求轨迹上的一个特殊点，或一个任意点，就可决定该弧。举例如下：

【范例8】一角的大小一定，顶点是动点，两边分别过二定点，那么它的顶点的轨迹是两个弓形弧。

假设：一角的两边通过二定点A、B，大小等于α。

求证：这角顶点的轨迹是两个弓形弧。

【思考】假定$\angle APB = \alpha$，那么P是轨迹上的一个任意点。不改变该角的大小，而使P点向一方移动，它的极限位置是A；向另一方移动，它的极限位置是B。所以知道所求的轨迹是以AB为弦，而所含的弓形角等于α的两个弓形弧。至于弓形弧的作图法有两种，下面所举的是比较便利的一种。

探求　过B作BC和BC'，使和AB所成角各等于α，再从B作这二线的垂线，各交AB的垂直平分线于O和O'。以O和O'为圆心、OA为半径作两个弓形弧APB和$AP'B$，就是所求的轨迹。

证（Ⅰ）先证必要性：在弓形弧APB上任取一点P，因弓形弧过A和B（$OA=OB$），BC是切线（因$BC\perp$半径OB），所以$\angle APB=\angle ABC=x$（弦切角定理）。同理，在弓形弧$AP'B$上任取一点P'，$\angle AP'B=\angle ABC'=\alpha$。

（Ⅱ）再证充足性：作$\angle AQB=\alpha$，那么$\angle AQB=\angle ABC$（或ABC'）$=\angle APB$（或$\angle AP'B$），A、B、P（或P'）、Q四点共圆（两个△同底等顶角，且在公底的同旁，那么四顶点共圆），Q在弓形弧APB（或$AP'B$）上。

总结 从（Ⅰ）知弓形弧上的点符合条件，从（Ⅱ）知符合条件的点在弓形弧上，所以弓形弧APB和$AP'B$是所求的轨迹。因动点移动到A和B时，该角已不存在，所以A和B是轨迹的极限点。

假使是第三类型的求轨迹题，首先要探求轨迹的形状，然后照上法确定它的位置和长短。探求轨迹形状的方法如下：

（1）决定轨迹是直线的方法 考查变动图形，看有没有极限位置或终止位置，如果没有，那么所求的轨迹没有极限点或终止点，就是没有两端。再考查符合条件的点是否能到达任意处,如果可以,就能决定转变是直线[1](如范例1和2)。有时轨迹虽有极限点,但符合条件的点是从两条反向的路径趋近于同一极限点的,那么在它能到达任意远处时,也能决定轨迹是直线(如研究题一的3和4)。

（2）决定轨迹是圆的方法　同上,如果轨迹没有两端(如研究题二的1)或符合条件的点从两条反向的路径趋近于同一极限点(如范例4),又不能到达任意远处,可决定轨迹是圆。

（3）决定轨迹是射线的方法　如果轨迹的一方面有极限点或终止点,就是有一端点,而另一端可达任何远处,可决定是射线。像范例5和6都是。

（4）决定轨迹是线段的方法　如果轨迹的两方面都有极限点或终止点,可以另求一特殊点或任意点,若三点共线,可决定是线段。像范例3和7都是。

（5）决定轨迹是弧的方法　同上,若三点不共线,可决定是弧。像范例8就是。

【范例9】动线段的一端是一个定三角形ABC的顶点A,另一端P在对边BC上移动,求$\triangle APC$的内心的轨迹。

1.这是就初等几何范围内说的,如果不限于初等几何范围,那么这轨迹也可能是一种特殊的曲线。以下就是这样。

假设：定△ABC，AP是从A
到BC的动线段。

求：△APC的内心的轨迹。

【思考】动线段AP向B的一
方移动，到P合于B时，AP就合

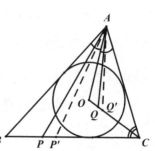

于AB，所以AB是AP的终止位置，△ABC是△APC的终止位
置，它的内心是∠A和∠C的角平分线的交点O，这O是轨迹
的终止点。又AP向C的一方移动，到P合于C时，因△APC
不存在，所以C是轨迹的极限点。又因AP无论移动到哪里，
△APC恒有一∠C，它的内心常在∠C的平分线上，就是O、C
和轨迹上的任意点共线。综上各点，知道所求轨迹的形状是
一线段，位置是在∠C的平分线上，长短是从C到△ABC的内
心O的长。

作法　作∠C和∠A的平分线，相交于O，CO就是所求的
轨迹。

证（Ⅰ）在CO上任取一点Q，连AQ，从A作AP，使
∠PAQ=∠CAQ，那么Q是△APC的内心（△二角平分线的交
点是内心）。

（Ⅱ）从A到BC作任意直线AP′，取△AP′C的内心
Q′，那么Q′一定在CO上（△的内心在角的平分线上）。

总结　从（Ⅰ）知在CO上的点符合条件，从（Ⅱ）知符合条件的点在*CO*上，所以*CO*是所求的轨迹。其中的*O*是终止点，*C*是极限点。

【范例10】一动点和相交二定直线的距离的和等于定长，求这动点的轨迹。

假设：*XX′*、*YY′* 是相交于*O*的二定直线，*l*是定长。

求：和*XX′*、*YY′* 距离的和等于*l*的点的轨迹。

【思考】因为在*XX′* 上的点和*XX′* 的距离等于零，所以在*OX′* 上可求一点*A*，使它和*YY′* 的距离等于*l*，那么这点和*XX′*、*YY′* 的距离的和等于0+*l*=*l*，这*A*点符合条件，是轨迹上的特殊点。同理，在*OY′*、*OX*、*OY*上可各求一特殊点*B*、*C*、*D*。从定理"△两边上的高相等，这△是等腰△"，知道*OA*=*OB*=*OC*=*OD*。从已知的证明题"等腰△底边上的任意点同两腰距离的和，等于腰上的高"，知道*AB*、*BC*、*CD*、*DA*四线段上的点都符合条件。再经研究，知道符合条件的点都在这四条线段上，所以所求的轨迹是这四条线段，就是矩形*ABCD*的周界。

作法　作*YY′* 的平行线，使其间的距离等于*l*，交*OX′* 于

A。在OY'、OX、OY上各取B、C、D，使OB、OC、OD各等于OA。连AB、BC、CD、DA，那么这四条线段就是所求的轨迹。

证（Ⅰ）在AB（或BC、CD、DA）上任取一点P，作$PM\perp XX'$，$PN\perp YY'$，那么$PM+PN=AE$（或CG）$=l$（理由见上例思考）。

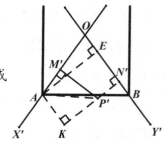

（Ⅱ）如右图，假定P'是在$\angle X'OY'$间的符合条件的任一点，作$P'M'\perp OX'$，$P'N'\perp OY'$，又从A作OY'的平行线，交$N'P'$的延长线于K，连AP'，那么$P'M'+P'N'=l=AE$。但$AE=KN'$（矩形的对边），所以$P'M'+P'N'=KN'$。两边各减去$P'N'$，得$P'M'=P'K$。

因为$P'M'=P'K$，$AP'=AP'$，$\angle AM'P'=\angle AKP'=90°$，所以$\triangle AM'P'\cong\triangle AKP'$（斜边、直角边），$\angle M'AP'=\angle KAP'$，就是$AP'$平分$\angle OAK$。

又因$\angle OAB=\angle OBA$（等腰$\triangle$底角相等）$=\angle BAK$（//线的内错角相等），所以AB平分$\angle OAK$。

但$\angle OAK$的平分线只有一条，所以AP'合于AB，就是P'点在AB上。

同理，若P'在$\angle Y'OX$、$\angle XOY$、$\angle YOX'$间，那么P'在

BC、CD、DA上。

　　总结　从（Ⅰ）知在AB、BC、CD、DA上的点符合条件，从（Ⅱ）知符合条件的点在AB、BC、CD、DA上，所以这四条线段是所求的轨迹。

　　注意　所求的轨迹题力求充足，在上例中若只考虑等腰三角形OAB，认为所求的轨迹是一线段AB，就犯了不充足的错误。

研究题二

（1）在定圆内有一定长的动弦，求它的中点的轨迹。

（2）动线段的一端固定，另一端在一个定多边形的周界上移动，求它的中点的轨迹。

（3）在定角 XOY 的二边上各有一动点 P、Q，假定 $OP+OQ=$ 定长 l，那么 PQ 的中点的轨迹是一线段。

提示：　假定 OP 的长等于零，可求得轨迹的一个终止点。同样假定 OQ 的长等于零，又得一终止点。

（4）一变正三角形的一顶点固定，第二顶点在一条定直线上移动，那么第三顶点的轨迹是二直线。

提示：　参阅范例6，可先求轨迹上的四个特殊点，每两个特殊点决定一直线。

（5）在定线段 AB 上有一动点 C，以 AC、BC 为边，在 AB 的一侧作两个正三角形 ACD、BCE，求 DE 的中点的轨迹。

提示：　延长 AD、BE 交于 F，当 C 点移动到 B 时，$\triangle ABF$ 是 $\triangle ACD$ 的极限位置，B 点是 $\triangle BCE$ 的极限位置，从此可求得轨迹的一个极限点。又当 C 点移动到 A 时，$\triangle ABF$ 是 $\triangle BCE$ 的极限位置，A 点是 $\triangle ACD$ 的极限位置，由此又可求得轨迹的另一极限点。

（6）一动点同相交二定直线的距离的差等于定长，求这动点的轨迹。

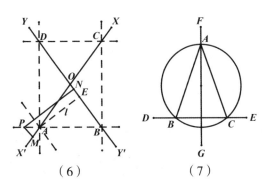

（6） （7）

（7）一动点对一个定等腰三角形的两腰张等角，求这动点的轨迹。

提示： 本题应注意轨迹的充足性，所求的轨迹应是一弧、一无限直线和二射线。

轨迹题解法的变通

一个求轨迹的问题，要经过许多周折，才能探求到轨迹的形状、位置和长短，接着还要证明两次，最后再做一总结，这求解轨迹题的基本步骤，看上去是不是太麻烦了？的确！这是相当麻烦的事，也是初学者最怕做的题目。但为了理论的完整性需要这样。对中学生来说，从他们的接受能力考虑，暂时不对他们做较高的要求，这些题目是可以用简捷的方法来解的，因为在许多轨迹题中，我们可以把所要求的轨迹归结到已知定理中的轨迹，于是以已知定理做依据，就能立刻决定所求的轨迹。这些可以用来做依据的轨迹定理，叫作基本轨迹定理。

举一个例子："一动点和一个定点的距离等于定长，这动点的轨迹是为一个圆，这圆以定点为圆心，定长为半径"，就是一个最重要的基本轨迹定理，利用它可以解决许多轨迹问题。譬如研究题二的（1）题，这动弦既有一定

的长度，那么它在运动中的各
位置 *AB*、*CD*、*EF*……是等弦，
这些等弦的中点 *L*、*M*、*N*……同
圆心 *O* 的连线，垂直于各弦，从
"等弦距圆心等远"的定理，知
道 *LO=MO=NO=*……所以 *L*、*M*、

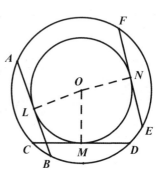

N……是和定点 *O* 有一定距离的。这样一来，已把本题所要
求的轨迹，归结到上举基本轨迹定理中的已知轨迹。因此，
这问题中所求的轨迹，一定是以 *O* 为圆心，动弦的任一位置
和圆心的距离做半径的圆。

又如范例4，若改成求轨迹的问题，因为这动弦 *AB* 的中
点 *P* 和圆心 *O* 的连线垂直于弦，*A* 和 *O* 是两个定点，所以动点
P 是一个两边过二定点的直角顶点。如果我们有一个基本
轨迹定理："一直角的两边过二定点，它的顶点的轨迹是一
个圆，这圆以二定点的连线为直径"，立刻可以决定 *P* 点的
轨迹是以 *AO* 为直径的圆。

这样，用基本轨迹定理做依据以后，只需叙明题中符
合条件的点，跟某一基本轨迹定理中的动点含有同样的性
质，就决定了所求的轨迹。但是用这方法决定轨迹，有时可
能把不属于所求轨迹的一部分图线也包含在里面，因而我
们还需把所得的结果仔细加以审查，才能完全确定。关于

这一点，看过下章的范例和研究题以后，就可以明白。

最常用的基本轨迹定理一共有七条，我们在下一章就把它们分别举出来，附带再举些具体的例子。

二　基本轨迹定理同它的应用

圆

本书开篇，用大炮和飞机做例子，来解释轨迹的意义时，我们已经知道了一条基本轨迹定理：

一动点和一定点的距离等于定长，这动点的轨迹是以定点为圆心、定长为半径的圆。

这一定理的轨迹，我们以后就简称它是圆。假使要分两方面来把它证明，只要应用简单定理"在圆上的点同圆心的距离等于半径"，证它的必要性；再用"同圆心的距离等于半径的点在圆上"，证它的充足性就得。这里就不细说了。

以后遇到轨迹题中有如下的任何一种情形的，都可应用这一基本轨迹定理，决定动点的轨迹是圆：

（1）有一个已知定点（或几个定点），且可决定动点和这定点（或几个定点中的一点）有一定距离。

（2）有两个定点（或一条定线段），且可决定动点和通过这两定点的直线上的某定点有一定距离。

（3）从一个定点，可求得同它有一定关系的另一定点，且动点和另一定点有一定距离。

【范例11】定长的动线段AP切于定圆O，一端A是切点，求另一端P的轨迹。

假设：定圆O，定长l，一动切

线AP等于l，一端A是切点。

求：另一端P的轨迹。

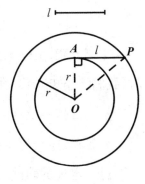

【思考】题中只有⊙O的圆心

O是一个定点，根据（1），研究动

点P和定点O间是否有一定距离：

因⊙O是定圆，所以它的半径是定长r，连OA，那么$OA=r$，

$OP=\sqrt{r^2+l^2}$＝定长[1]。

解　设定圆O的半径是r，连OA、OP，那么$OA=r=$定长。

因$\angle OAP=90°$（切线⊥过切点的半径），所以$OP=\sqrt{r^2+l^2}$＝定长（勾股定理）。

又因O是定点，所以P的轨迹是以定点O为圆心，定长

---

1. 根据基本作图法，作一直角三角形，使它的两条直角边分别等于定长 r 和 l，那么它的斜边就是 OP 的长。

$\sqrt{r^2+l^2}$ 为半径的圆（和定点有定距离的动点的轨迹是圆）。

【范例12】动线段的一端是定圆内的一个定点，另一端在圆上移动，求这动线段的中点的轨迹。

假设：定圆O内有一定点A，动线段AP的一端固定在A，另一端P在圆上移动。

求：AP的中点M的轨迹。

【思考】题中有两个定点O和A，根据（2），研究动点M和定线段OA上哪一个定点有一定距离。因⊙O的

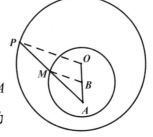

半径OP=r=定长，M是AP的中点，所以从三角形的中位线定理，知道M和OA的中点B的连线$MB=\frac{1}{2}OP$=定长。

解 设⊙O的半径是r，连OP，那么OP=r=定长。

连OA，取中点B，那么B是一个定点。

又连MB，因$MB=\frac{1}{2}OP=\frac{1}{2}r$=定长，所以M点的轨迹是以定线段OA的中点B为圆心，定长$\frac{1}{2}r$为半径的圆（和定点距离为定长的动点的轨迹是圆）。

【范例13】定长的动线段常和一固定直线平行，且一端在定圆周上移动，求另一端的轨迹。

假设：定圆O，定直线XY，定长l，一动线段AB=l，又平

行于XY，一端A在$\odot O$上移动。

求：另一端B的轨迹。

【思考】题中只有一个定点O，动点B和O间没有一定的距离，所以应根据（3），求和O有关的另一定点，从O作$OP /\!/ XY$，且使$OP = l$，这P点也是一个定点。因$OP \underline{/\!/} AB$，所以$OPBA$是□，$PB = OA = r =$定长。又在O的另一侧有另一定点P'，它同O的关系和P、O间的关系类似，所以所求的轨迹有两个圆。

解　过O作XY的平行线，在O的一侧取$OP = l$，连OA、PB。

因$AB /\!/ XY$，$AB = l$，所以$AB \underline{/\!/} OP$，$OPBA$是□，$PB = OA = r =$定长。

又因P也是定点，所以动点B在以P为圆心，r为半径的圆上。

假使动线段AB的相反方向的一个位置是$A'B'$，仿上法可在过O而平行于XY的线上另取一点P'，使$OP' = l$，且在P的异侧，同理，动点B'在以P'为圆心，r为半径的圆上。所以所求的轨迹是两个圆。

注意　应用圆的基本轨迹定理求得的轨迹，不一定是一个圆，有时为了满足证明轨迹的充足性，应有两个或两个以上的圆；有时了为满足证明轨迹的必要性，仅有圆的一部分，也就是一段弧。

研究题三

（1）求定圆内的动半径的中点的轨迹。

（2）半径是定长的一个动圆，通过一个定点，求它的圆心的轨迹。

（3）半径是定长的一个动圆，切于一个定圆，求它的圆心的轨迹。

提示：轨迹有两个圆。

（4）OX、OY是互相垂直的两条固定射线，一条定长的动线段AB，两端各沿OX、OY移动，求它的中点的轨迹。

提示：轨迹是四分之一圆。

（5）动线段的一端是定圆外的一个定点，另一端在圆上移动，求它的中点的轨迹。

（6）动线段的一端是定圆外的一个定点，另一端在圆上移动，求分这线段成$m:n$的点的轨迹。

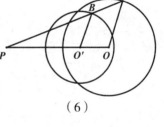

（6）

提示：若$PB:BA=m:n$，$PO':O'O=m:n$，则$O'B /\!/ OA$，$O'B:OA=m:(m+n)$。因OA、m、n都是定长，故$O'B$也是定长，即O'是定点。

(7)一个平行四边形的底边固定（就是有定长和定位置），邻边是有定长的动线段，求它的两条对角线的交点的轨迹。

(8)一动弦AC，过定圆的定直线AB的一端A，在AC的延长线上有一点P，$CP=AC$，求P点的轨迹。

提示：$PB=AB$。

(9)在定圆O内，AB是定长的动弦，过A和B的二切线交于P，求P点的轨迹。

提示：定点O和定长的动弦有定距离d，定圆的半径OA有定长r，根据定理"直角△的一直角边是这边在斜边上的射影和斜边的比例中项"，得$PO=\dfrac{r^2}{d}$＝定长（根据求比例第四项的基本作图法，可求得PO的长）。

(10)从定圆外一动点所引圆的二切线的夹角是定值，求这动点的轨迹。

提示：若直角△的一锐角是定值，对边是定长，则斜边也是定长。

双轨平行线

这里用三轮车来做例子，继续说明另一种基本轨迹定理。比如，一辆送货用的三轮脚踏车，它的两个后轮的面，同一个前轮的面间有相等的垂直距离。假定前轮沿着一条笔直的电车道行进，它的两个后轮就在地面上印出两道痕迹。这后轮的轮迹同电车轨道平行，且两后轮痕迹直线，同电车轨道间的距离是一定的——等于任一后轮面同前轮面的垂直距离。因为这两道轮迹是从两个后轮同地面的接触点，和电车轨道保持一定距离而运动所经的路线，所以可认为是一种轨迹。从这一事实，我们得到下面的一条基本轨迹定理：

一动点和一条定直线的距离等于定长，它的轨迹是两条直线，这两条直线是在定直线两侧的平行线，且和定直线的距离等于定长。

这一种轨迹可以简称双轨平行线。我们分两方面来加

以证明:

（Ⅰ）先证必要性: 若CD和EF是和定直线AB距离等于定长d的两平行线, 在CD或EF上任取一点P, 作PQ⊥AB, 那么PQ=d（平行线处处等距离）。

（Ⅱ）再证充足性: 从AB上的任意点Q′作垂线, 在这垂线上取P′Q′=d（使P′和P在AB的同侧）, 那么P′Q′ ≟ PQ, 所以PQQ′P′是▱, PP′ // QQ′, P′一定在CD或EF上（过一点P只能作AB的一条平行线）。

从（Ⅰ）知CD和EF上的点距离AB等于d, 从（Ⅱ）知距离AB等于d的点在CD和EF上, 所以CD和EF是距离AB等于d的点的轨迹。

如果轨迹题中有一定直线, 且可决定一动点和这定直线有一定的距离, 就可根据上述定理, 推导出这动点的轨迹是双轨平行线。

【范例14】半径是定长的动圆, 切于一定直线, 求它的圆心的轨迹。

假设: 定直线XY, 定长r, 一动圆O的半径是r, 且切于

XY。

求：圆心O的轨迹。

【思考】假定⊙O切XY于P，那么$OP \perp XY$，且$OP=r$=定长。

解 切点P和圆心O连接，因$OP \perp XY$（切线⊥过切点的半径），且$OP=r$=定长，所以O是和定直线XY的距离等于定长r的点，它的轨迹是平行于XY而距离等于r的二直线（双轨平行线的基本轨迹定理）。

中垂线

有一种小孩子玩的弹弓，在铁丝做成的一个叉上装着一条橡皮带子，把一粒弹子按在橡皮带的中央，先用手拉开，再一放手，可以把这弹子打得很远。假使这一条橡皮带的两半段有很均匀的弹力，把它拉开以后，这弹子和两个叉尖的距离相等，那么一放手，弹子受到两方平均收缩的力，在打出去的一条路线上一定会和两叉尖永远保持相等的距离。这一条路线，我们很容易想到，它是垂直而且平分两叉尖的连线的一条直线（假定不受地心吸力和风力等的影响）。从这一事实，我们又可以得到如下的一条基本轨迹定理：

一动点和二定点等距离，它的轨迹是一直线，这直线就是二定点连线的垂直平分线。

这样的轨迹，可以简称为中垂线，在前面举的范例2中已经证明，这里不再重复。

以后遇到轨迹题中有二定点, 且可决定一动点距这二定点等远, 就可以根据这定理, 推导出这动点的轨迹是中垂线。

【范例15】假设: OX、OY是两条互相垂直的固定和射线, 一变直角三角形ABC的直角顶点A的位置固定, 且在$\angle XOY$内, 斜边BC的两端分别在OY、OX上移动。

求: BC的中点P的轨迹。

【思考】题中有两个定点O和A, 研究动点P和O的关系, 知道P是直角$\triangle OBC$的斜边中点, O是直角顶点, 所以$PO=PC$, 同理$PA=PC$。于是得$PO=PA$, 就是P距二定点O和A等远。

解　连PO、PA、OA, 因$\angle O=\angle A=90°$, P是BC的中点, 所以$PO=PC$, $PA=PC$(直角$\triangle$斜边的中点距各顶点等远)。

比较上面的两式, 得$PO=PA$。但O、A是两个定点, 所以P是距二定点等远的点。这样的点的轨迹, 原系OA的中垂线, 但因P点在$\angle XOY$内, 所以所求的轨迹是一线段, 就是

OA的中垂线上夹于$\angle XOY$内的一部分MN, 其中的M和N是轨迹的终止点。

研究题四

（1）一个变三角形的底的大小和位置一定，面积也一定，求它的顶角的顶点的轨迹。

（2）一动线段的一端固定，另一端在一定直线上移动，求它的中点的轨迹。

提示：本题就是前面举的范例1，读者试改用双轨平行线的基本轨迹定理来解，但需注意双轨平行线中的一条不适用。

（3）OX、OY是互相垂直的两条固定射线，半径是定长r的两个等圆外切于P，又各切于OX、OY而在$\angle XOY$内移动，求切点P的轨迹。

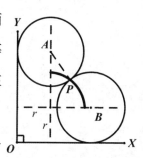

提示：参阅范例14和研究题三（4）。

（4）一动圆过二定点，求它的圆心的轨迹。

（5）三定点A、B、C在一直线上，$AB=BC$，一动点P对AB、BC张等角，求P的轨迹。

（6）定圆上有二定点A、B，从A、B作二相等的动弦AC、ED，在圆内或延长到圆外相交于P，求P的轨迹。

正中平行线

河里的水流，因为同河岸间有一种摩擦力，所以越靠近河岸的水，流得越慢，离河岸越远的位置流得越快。假定这一条河的两岸成平行的两直线，一只船顺流而下，要想得到最快的速度，那么为了要远离两岸，必须保持和两岸等距离。这时所行的路线，一定是同河岸平行的一直线，且同两岸的距离相等。用这一事实，可以说明下面的一条基本轨迹定理：

一动点和两条平行的定直线等距离，它的轨迹是一直线，这线平行于定直线，且距两定直线等远。

这一种轨迹简称正中平行线[1]。它的证明如下：

（Ⅰ）先证必要性：设平行的二定直线是*AB*和*CD*，

1.这里的正中平行线和以下各节的各种轨迹简称，都是作者所定的，目的是便利，读者不需要一定要记忆。

其间的距离是GH，又EF是过GH的中点O而平行于AB和CD的直线。在EF上任取一点P，作$PK \perp AB$，$PL \perp CD$，那么$PK=OG$，$PL=OH$（平行线处处等距离）。但$OG=OH$，所以$PK=PL$。

（Ⅱ）再证充足性：假定P'是符合条件的任一点，作$P'K' \perp AB$，$P'L' \perp CD$，那么$P'K'=P'L'$。因$AB /\!/ CD$，所以$P'K'$和$P'L'$接成一直线。$P'K' = \frac{1}{2}K'L'$。又因$OG=\frac{1}{2}GH$，$K'L'=GH$，所以$P'K'=OG$。又$P'K' /\!/ OG$，若连OP'，那么$OP'K'G$是▱，$OP' /\!/ AB$，但$OF /\!/ AB$，所以OP'合于OF（过O只能引AB的一条平行线），就是P'在EF上。

所以距AB和CD等远的点的轨迹是EF。

假使轨迹题中有平行的两条定直线，且可决定一动点同它们等距离，那么这动点的轨迹就是一条正中平行线。

【范例16】一动线段夹于两平行的定直线间，它的两端在这两条平行线上移动，求它的中点的轨迹。

假设：平行的两定直线AB和CD，一动线段的两端E、F各在AB、CD上移动。

求：EF的中点P的轨迹。

【思考】题中有平行的两定直线，研究动点 P 同这两线是否等距离。过 P 作 GH 垂直于 AB 和 CD，可证 $\triangle GPE \cong \triangle PHF$，所以 $PG=PH$。

解　过 P 作 $GH \perp CD$，因为 $AB /\!/ CD$，所以 $GH \perp AB$，$\angle PGE = \angle PHF$，又因 $PE=PF$，$\angle GPE = \angle HPF$，所以 $\triangle PGE \cong \triangle PHF$，$PG=PH$，即 P 距 AB、CD 等远。于是知所求的轨迹是过 P 且平行于 AB 和 CD 的一直线。

交角双平分线

上节所举顺水行船的实例，假使河的两岸变成了不平行的两直线会怎样呢？我想同学们是不难解决这一个问题的。因为这船要想得到最快的速度，还是要同两岸保持相等的距离，它进行的路线，一定是延长这两直线所成的交角的一条平分线。把这一事实加以推广，可得如下的基本轨迹定理：

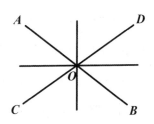

一动点和两条相交的定直线等距离，它的轨迹是定直线交角的两条平分线。

这一种轨迹简称交角双平分线。它的证明很简单，从定理"角的平分线上的点距这角的两边等远"，就可确定它的必要性；从定理"距角的两边等远的点，在这角的平分线上"，就可确定它的充足性。在这轨迹中的O点，距两定直线AB和CD都等于零，可以说相等，也符合条件，是轨迹上的特殊点。

假使轨迹题中有相交的两定直线，且可决定一动点距这两直线等远，那么这动点的轨迹就是交角双平分线。

【范例17】假设：OX、OY是互相垂直的两固定射线，△ABC是大小一定的等腰直角三角形，假使斜边的两端B、C各沿OX、OY移动，直角顶点A和O位于BC的两侧。

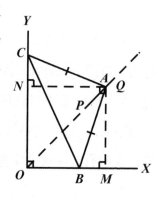

求：A点的轨迹。

【思考】题中有相交的两定直线，研究动点A和这二直线是否等距离。作AM⊥OX，AN⊥OY，可证∠BAM=∠CAN，△BAM≌△CAN，所以AM=AN。

解　作AM⊥OX，AN⊥OY，那么∠MAN=90°=∠BAC，两边各减去∠BAN，得∠BAM=∠CAN。又因AB=AC，∠AMB=∠ANC，所以△BAM≌△CAN，AM=AN，即A距两定直线OX、OY等远。距相交的两定直线等远的点的轨迹，原系交角的双平分线，但因A点常在∠XOY内，且△ABC的大小一定，所以所求的轨迹是一线段PQ。当B移动到O（或C移动到

O)时, A 点的位置是 P; 当 $ABOC$ 为正方形时, A 的位置是 Q, P 和 Q 是轨迹的终止点。

研究题五

（1）一动圆切于平行的两定直线，求它的圆心的轨迹。

（2）一动圆切于相交的两定直线，求它的圆心的轨迹。

（3）一变等腰三角形，以两定直线的交角为顶角，求它的底边中点的轨迹。

（4）OX、OY是两固定射线，等腰三角形ABC的大小一定，顶角A是$\angle XOY$的补角，底边的两端B、C各沿OX、OY移动，A和O位于BC的两侧，求A点的轨迹。

双半圆

　　木匠在木板的一边挖了个半圆形槽,要检测这板上的槽是不是正确的半圆,可用一曲尺——就是两臂成直角的尺,把两臂靠住槽的边缘而移动,假使曲尺的顶点能和槽内各点处处密合,就可以证明这槽是正确的半圆。假使这种木板做了同样的两块,把它们拼

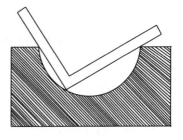

合而成一大块,中间凑成一个大圆孔,要验这圆孔是否正确,仍可应用上法,把两块板拆开,分别检测就是。这一个事实,可以说明一条基本轨迹定理:

　　动直角的两边通过两定点,它的顶点的轨迹是以两定点的连线为直径的一个圆。

　　这样的轨迹虽然也是一个圆,但是为了同第一种的基本轨迹区别,称其为双半圆。它的证明也很简单,先从定理

"半圆内的弓形角是直角",确
定它的必要性;再从定理"直角
三角形的直角顶点,在以斜边
为直径的圆上",确定它的充足
性。但需注意,这两定点是轨迹

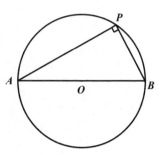

的极限点。可见这种轨迹是有两个极限点的圆,称它为双半
圆是很恰当的。

轨迹题中有两定点时,假使能决定一动点对这两定点
的连线张直角,那么这动点的轨迹就是双半圆。

【范例18】定圆的动割线的一端固定,求它的圆内部分
的中点的轨迹。

假设:定圆O外一定点A,从
A引一动割线ABC。

求:BC的中点P的轨迹。

【思考】题中有两定点A和O,研究动点P对AO所张的角
是不是直角。连OP,因OP⊥BC,所以∠APO=90°。

解 连OP,那么OP⊥BC(圆心和弦的中点的连线⊥弦),
∠APO=90°,就是P对定线段AO张直角。这样的点的轨迹
原系以AO为直径的双半圆,但因动点P常在⊙O内,所以所求
的轨迹是在⊙O内的一段弧MN,其中的M和N是轨迹的极限

点。

【范例19】假设：AOB是定圆的一定直径，BC是过B的一条动弦，延长BC到D，使$CD=BC$，AC、DO交于P。

求：P的轨迹。

【思考】题中有三个定点A、B和O，但动点P对这三点中的任意两点的连线都不张直角，且和任一点都没有一定距离，和任两点又不等距离，所以不易求它的轨迹。于是研究P的性质，发现AC和DO是$\triangle ABD$的两条中线，P是$\triangle ABD$的重心，所以$AP:PC=2:1$。又因$\angle ACB=90°$，若作$PE/\!/CB$，那么$\angle APE=90°$，$AE:EB=2:1$。这样一来，E也是一个定点，P对两定点A、E的连线张直角，它的轨迹就可以决定了。

解　连AD，因AC、DO是$\triangle ABD$的两条中线，P是重心，所以$AP:PC=2:1$。分AB成三等分，假定靠近B的一个分点是E，那么$AE:EB=2:1$。比较前面的两个比例式，得$AP:PC=AE:EB$，所以$PE/\!/CB$（分$\triangle$的两边成比例的直线，必平行于第三边），$\angle APE=\angle ACB=90°$，就是$P$是直角的顶点。又因$\angle APE$的两点通过两定点$A$和$E$，所以$P$的轨迹是以$AE$为直径的双半圆，其中的$A$和$E$是轨迹的极限点。

研究题六

（1）从定点A到过另一定点B的动直线上引垂线，求垂足P的轨迹。

（2）一动弦过定圆内的一个定点，求它的中点的轨迹。

（3）从定圆O上的定点A引动弦AB，求分AB成m：n的P点的轨迹。

（4）从定线段AB的两端引两射线AC和ED，使保持平行而移动，求∠CAB、∠DBA的平分线的交点的轨迹。

（5）菱形ABCD的边长一定，AB边的位置也一定，O是AB的中点，CO交BD于P，求在菱形的角变动时的P的轨迹。

提示：假定两对角线交于M，那么$BP=2PM$，$\angle AMB=90°$。

（6）AB是定圆O的定直径，P是圆周上的动点，引PC⊥AB，在OP上取OQ=OC，求Q的轨迹。

提示：应注意本题的轨迹是两个双半圆。

（7）AB是定圆O的定直径，在过A的动弦AC（或其延长线）上取AP=EC，求P的轨迹。

提示：动弦的极限位置是过 A 的切线，在这切线上距 A 等于 AB 的两点是轨迹的极限点，且 A 是轨迹上的特殊点。读者应注意本题的轨迹是两个单半圆。

双弓形弧

在上节开始所举的实例中，假使在木板上挖去的是大于或小于半圆的弓形，也可以用类似的方法，检测它是否正确。我们只要制作一把曲尺，使它的两臂所成的角恰好等于这弓形内的弓形角，那么把两臂靠在槽的边缘而移动时，若是正确的弓形，尺的顶点也会和槽内各点处处密合。所以同上节一样，也可以用来说明一条基本轨迹定理：

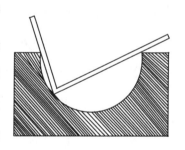

一动角的大小是一定量，两边通过两定点，它的顶点的轨迹是两个弓形弧，这两个弓形弧以两定点的连线为弦，而所含的弓形角等于定量。

这样的轨迹简称双弓形弧，弧的两端是轨迹的极限点。它的证明见范例8。

假使轨迹题中有两定点, 且可决定一动点对这两定点的连线张一定量的角, 那么这动点的轨迹就是双弓形弧。

【范例20】假设: AOB是定圆O的一条定直径, 延长从A所引的动弦AC到P, 使$CP=CB$。

求: P点的轨迹。

【思考】题中有两定点A和B, 研究P点对AB是否张一定量角。易知$\angle APB=\frac{1}{2}\angle ACB=45°$, 所以所求的轨迹是双弓形弧。但动弦$AC$有一极限位置, 这双弓形弧是不完全的。

解　连BP, 因$\angle CPB+\angle CBP=\angle ACB$（△外角定理）, 且$\angle CPB=\angle CBP$（等腰△底角）, $\angle ACB=90°$（半圆内的弓形角）, 所以$2\angle CPB=90°$, $\angle CPB=45°$=定量, 又$\angle CPB$的两边过两定点A和B, 所以P是两边过两定点的定量角的顶点。这样的点的轨迹原系以AB为弦而含$45°$角的双弓形弧AMB和ANB, 但因AC的极限位置是⊙O上过A的切线MN, 所以所求的轨迹是$\overset{\frown}{MB}$和$\overset{\frown}{NB}$, 其中的M和N是极限点, B是特殊点。

【范例21】动三角形的底边固定, 顶角的大小是一定量, 求它的垂心的轨迹。

假设：△ABC的底边BC的长短和位置都一定，顶角A的大小等于定量角α，三个高AD、BE、CF的交点是H。

求：H的轨迹。

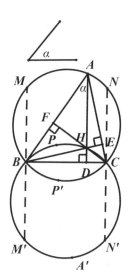

【思考】（1）题中有两定点B和C，动点A对BC张一定量角α，所以A的轨迹是双弓形弧BAC和BA'C。现在求H的轨迹，试研究H对BC是否也张一定量角。因∠BHC=∠EHF=180°−α=定量，所以H和A对BC所张的角相补，H的轨迹应是$\overparen{BAC}$和$\overparen{BA'C}$的两个共轭弓形弧（就是能合成一圆的两弧）BP'C和BPC。

（2）但是上面的思考还是不全面的，因为H一定在从A所引BC的垂线AD上，假定过B和C各作BC的垂线，交双弓弧于M、M'和N、N'，那么当顶点A移动到$\overparen{BM}$、$\overparen{BM'}$或$\overparen{CN}$、$\overparen{CN'}$四弧上时，△ABC的∠B或∠C成钝角，高AD在三角形外，H也在三角形外，就不会

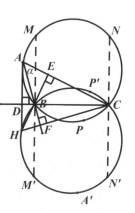

再在$\overparen{BPC}$或$\overparen{BP'C}$上。如图所示，这时的∠EHC=90°−∠ECF（或∠HEF）=α=定量，所以H和A对EC张等角，H在△ABC

外时的轨迹是 $\overparen{BM}$、$\overparen{BM'}$、$\overparen{CN}$、$\overparen{CN'}$ 四弧。

（3）上述的情形是指 α 是锐角而
说的，假使 α 是钝角，那么结果会与上
述不一样。因 α 是钝角时，顶点 A 的轨迹
是小于半圆的双弓形弧 BAC 和 BA'C，

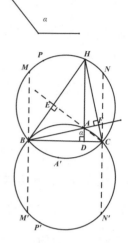

高 AD 常在 BC 的两垂线 MM' 和 NN' 之
间，就是 H 在 MM' 和 NN' 之间。又因
∠BHC=180° −∠EAF=180° −α，所
以 H 的轨迹是 $\overparen{BAC}$ 和 $\overparen{BA'C}$ 的共轭弓形弧
上夹于 MM' 和 NN' 间的两弧 M'N 和
MN。

解 因顶点 A 对两定点 B、C 的连线张一定量
角 α，所以 A 的轨迹是双弓形弧 BAC 和 BA'C。又因
∠BHC=∠EHF=180° −∠EAF=180° −α=定量，所以 H 点对
BC 张一定量角，而且这定量角是已知角 α 的初角。这样的点
的轨迹原系 $\overparen{BAC}$ 和 $\overparen{BA'C}$ 的共轭双弓形弧 BP'C 和 BPC，但当 α
为锐角而∠B 或∠C 是钝角时，H 在△ABC 外，∠BHC=90° −
∠ECF（或∠HBF）=α=定量，这时的 H 点的轨迹是双弓形
弧 BA'C 和 BAC 的部分，这部分在从 B 和 C 所引 BC 的两垂线
的外侧。所以 H 点的全部轨迹是对称弓形弧 M'BCN' 和
MBCN；其中的 M'、N'、M、N 都是极限点，B 和 C 是∠B 或

$\angle C$ 成直角时的特殊点。又当 α 为钝角时，$\overparen{BAC}$ 和 $\overparen{BA'C}$ 是劣弧，H 点必在从 B 和 C 所引 BC 的两垂线之间，它的轨迹是 $\overparen{BAC}$ 和 $\overparen{BA'C}$ 的共轭弓形弧上的部分 $\overparen{BA'C}$ 和 $\overparen{MN}$ ；其中的 M'、N'、M、N 也是极限点。当 α 是直角时，H 点合于 A，它的轨迹就是 $\overparen{BAC}$ 和 $\overparen{BA'C}$。

研究题七

（1）动三角形ABC的底边AB固定，顶角C是定量，延长AO到P，使$CP=CB$，求P点的轨迹。

（2）在定三角形ABC的两边AB、AC上各有一动点D、E，$BD=AE$，求BE、CD的交点P的轨迹。

（3）动三角形ABC的底边BC固定，顶角A是定量α，求它的内心O的轨迹。

（4）同上，求它的重心G的轨迹。

提示：三等分BC于D、E，那么D、E都是定点。试研究G点对DE是否张一定量角。

（5）同上，求底边BC外的傍心$O1$的轨迹。

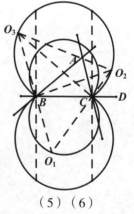

提示：$\angle BO_1C=180°-\angle O_1BC-\angle O_1CB=180°-\frac{1}{2}(180°-\angle B)-\frac{1}{2}(180°-\angle C)=\frac{1}{2}\angle B+\frac{1}{2}\angle C=90°-\frac{1}{2}\alpha=$定量。

（6）同上，求AC和AB两边外的两傍心$O2$和$O3$的轨迹。

（5）（6）

提示：$\angle BO_2C=\angle O_2CD-\angle O_2BD=\frac{1}{2}(180°-\angle C)-\frac{1}{2}\angle B=\cdots\cdots$

三　重要轨迹题同它的应用

阿氏圆

一个动点要同两个定点保持相等的距离而运动, 它的轨迹是两定点连线的中垂线, 这是同学们早已知道的。在这一条基本轨迹定理中, 所谓"同两定点等距离", 也可以说是"同两定点距离的比等于 $m:m$, 或 $1:1$"。这一个比的前项和后项是相同的。那么有人要问了: 假使一个动点同两个定点的距离的比等于 $m:n$, 就是等于前后项不同的一个比时会怎样呢? 现在我们就来讨论这一个问题。

假定两个定点是 A 和 B, 一个动点 P 同 A、B 的距离的比是定比 $m:n$, 就是 $PA:PB=m:n$, 那么可以用下法探求 P 点的轨迹。

作 PC、PD 平分 $\angle APB$ 和它的外角, 交 AB 和它的延长线于 C、D, 根据定理"△一内角 (或外角) 的平分线, 内分 (或外分) 对边成两部分, 这两部分的比等于两邻边的比"，就得$CA:CB=m:n$, $DA:DB=m:n$，因三角形的一角同它的外角的两条平分线互相垂直，所以$\angle CPD=90°$。又因内外分AB成定比的点C和D有一定的位置，所以动点P对两定点C、D的连线张直角，根据基本轨迹定理，知道P的轨迹是以CD为直径的双半圆。

从上面的叙述，得如下一个重要轨迹题：

一动点P和两个定点A、B距离的比等于一个定比$m:n$，它的轨迹是一个圆，这圆以另外两个定点C、D的连线为直径，C、D是内外分AB成$m:n$的两个分点。[1]

因为C和D也是符合条件的点，所以这样的轨迹是整个的圆，没有极限点，和基本轨迹的双半圆不同，另外它有一个名称，叫作Apollonius圆，简称阿氏圆。

根据前面的研究，知道C点是AB上的一个定点，PC平分$\angle APB$，所以阿氏圆就是对三定点间的两线段张等角的动点的轨迹。

凡轨迹题中的动点和两定点的距离成定比的，都可根据这个重要轨迹题，决定这动点的轨迹是阿氏圆。

【范例22】求对两定圆张等角的点的轨迹。

---

1. 内外分AB成$m:n$的两部分的方法，是一种基本作图法，在教科书里面都会讲到，读者可以参阅一下。

假设：两定圆 O 和 O' 的半径是 r 和 r'，从动点 P 作 $\odot O$ 的两切线 PA、PB，$\odot O'$ 的两切线 PA'、PB'，$\angle APB = \angle A'PB'$。

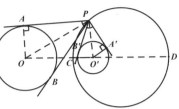

求：P 的轨迹。

【思考】题中有两定点 O 和 O'，但动点 P 和 O、O' 的距离不等，且对 OO' 张的角不定，所以 P 点的轨迹不是中垂线或双弓形弧。于是研究 P 和 O、O' 的距离是否有一定比。因 $\angle PAO = \angle PA'O' = 90°$，$\angle APO = \frac{1}{2}\angle APB = \frac{1}{2}\angle A'PB' = \angle A'PO'$，所以 $\triangle PAO \cong \triangle PA'O'$，$PO : PO' = AO : A'O' = r : r'$。但 $r : r'$ 是定比，O 和 O' 是定点，所以所求的轨迹是阿氏圆。

解　连 PO、PO'、AO、$A'O'$，因 $\angle APO = \frac{1}{2}\angle APB$，$\angle A'PO' = \frac{1}{2}\angle A'PB'$（两切线的交角被从角顶到圆心的线平分），所以 $\angle APO = \angle A'PO'$。又因 $\angle PAO = \angle PA'O' = 90°$（切线 $\perp$ 过切点的半径），所以 $\triangle PAO \backsim \triangle PA'O'$，$PO : PO' = AO : A'O' = r : r' =$ 定比。从重要轨迹题，知道 P 点的轨迹是一个圆，这圆的直径就是按 $r : r'$ 内外分 OO' 所得两分点 C、D 间的线段。

定比双交线

　　关于交角双平分线的基本轨迹定理, 同学们一定都很熟悉了。这一种轨迹中的动点是距相交的两定直线等远的, 即两个距离的比等于 $m : m$; 那么和相交的两定直线的距离的比等于 $m : n$ 时会怎样呢? 这里还要来继续研究一下。

　　假定相交于 O 的两条定直线是 XX' 和 YY' , 定比是 $m : n$, 要探求和 XX' 、YY' 的距离的比等于 $m : n$ 的一个动点 P 的轨迹, 可分下列的三个步骤:

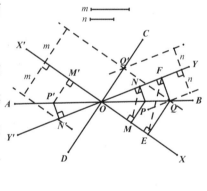

　　(Ⅰ) 先求出轨迹上的几个特殊点。这些特殊点的求法很简单, 只要作 XX' 的两条平行线, 使和 XX' 的距离等于 m, 再作 YY' 的两条平行线, 使和 YY' 的距离等于 n, 这四直线的

四个交点Q、Q'等都是定点。假使作$QE \perp XX'$，$QF \perp YY'$，那么$QE=m$，$QF=n$，$QE:QF=m:n$，所以Q是轨迹上的特殊点。同理，Q'等也是轨迹上的特殊点。[1]

（Ⅱ）继续研究符合条件的点P和定点Q等有什么关系。假使Q在$\angle XOY$内，P在$\angle XOY$或$\angle X'OY'$内，作$PM \perp XX'$，$PN \perp YY'$，那么$PM:PN=m:n$，就是$PM:PN=QE:QF$。又因$PM /\!/ QE$，$PN /\!/ QF$（$\perp$同一线的二线$/\!/$），所以$\angle MPN = \angle EQF$（两角的边分别同向或反向平行，则两角相等）。再连MN、EF，得$\triangle PMN \backsim \triangle QEF$（两个$\triangle$有一组角相等，而夹这等角的边成比例，那么两个$\triangle$相似），$\angle 1 = \angle 2$。又连$OP$、$OQ$，因$O$、$M$、$P$、$N$四点共圆（四边形的两个对角都是直角，四顶点共圆），所以$\angle XOP = \angle XOQ$，OP和OQ必合成一直线，即P点在过O和Q的直线AB上。假使Q'在$\angle X'OY$内，P在$\angle X'OY$或$\angle XOY'$内，仿上法可证P点在过O和Q'的直线CD上。

这就证明了符合条件的点都在AB和CD上，即证明了轨迹的充足性。

（Ⅲ）在AB上任取一点P'，作$P'M' \perp XX'$，$P'N' \perp YY'$。因$\triangle P'M'O \backsim \triangle QEO$，$\triangle P'N'O \backsim \triangle QFO$，

---

1. 在（Ⅰ）中所说的四直线有四交点，除Q，Q'外的两个交点，一个和O、Q同在AB上，一个和O、Q'同在CD上，所以不必提起了。

所以$P'M':QE=P'O:QO=P'N':QF$，由更比定理得
$P'M':P'N'=QE:QF=m:n$。

这就证明了AB上所有的点都符合条件；同理，CD上所有的点也都符合条件，就是证明了轨迹的必要性。

经过了上述三个步骤的研究，我们又得到了另一个重要的轨迹题：

一动点P和相交于O的两定直线XX'、YY'的距离的比，等于定比$m:n$，那么这动点的轨迹是两直线AB和CD，这AB和CD分别过定点O、Q和O、Q'，Q和Q'是距XX'等于m，且跟YY'等于n的两点。

我们为了方便起见，可以把上题中的轨迹称作定比双交线。以后遇到轨迹题中的一个动点距相交的两定直线有定比时，就可决定它的轨迹是定比双交线。

【范例23】假设：$\angle XOY$是定角，$\square ABCD$的$\angle B=\angle XOY$，这$\square$的形状大小一定，而位置不定，B、D两顶点各沿OX、OY移动。

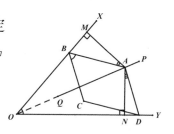

求：A点的轨迹。

【思考】题中有两定直线OX和OY，但动点A和OX、OY的距离不等，又有一定点O，但A和O没有一定的距离，所以

A 点的轨迹不是交角双平分线或圆。于是研究 A 点和 OX、OY 的距离是否有一定的比。作 $AM \perp OX$，$AN \perp OY$，因 $\angle BAD$ 是 $\angle B$ 的补角，$\angle MAN$ 也是 $\angle B$ 的补角，所以 $\angle BAD = \angle MAN$，$\angle 1 = \angle 2$，$\triangle ABM \backsim \triangle AND$，$AM : AN = AB : AD =$ 定比。

解　作 $AM \perp OX$，$AN \perp OY$，则 $\angle AMB = \angle AND = 90°$。又因 $\angle BAD + \angle B = 180°$（▱ 的邻角相补），$\angle MAN + \angle O = 180°$（四边形四角各是直角，那么另两角相补），且 $\angle B = \angle O$，所以 $\angle BAD = \angle MAN$。两边各减去 $\angle BAN$，得 $\angle 1 = \angle 2$。于是 $\triangle ABM \backsim \triangle AND$，$AM : AN = AB : AD =$ 定比，就是动点 A 和两定直线 OX、OY 的距离有定比。从重要轨迹题，知道这样的点的轨迹应是定比双交线，但因 A 点常在 $\angle XOY$ 内，且两方都有终止位置，所以所求的轨迹是在 $\angle XOY$ 内的一线段 PQ，一个终止点 P 到 OX、OY 的距离等于 AB、AD，另一个终止点 Q 到 O 的距离等于 $\angle A$ 的短边 AD。

研究题八

（1）三定点 A、B、C 在一直线上，求对 AB、BC 张等角的点的轨迹。

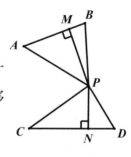

（2）直角三角形的形状和大小一定，斜边的两端沿一定直角的两边移动，两个直角的顶点位于斜边的两侧，求这三角形的直角顶点的轨迹。

（3）两个等积三角形的底是 AB、CD 是固定线段，公共顶点 P 可以任意移动，求 P 的轨迹。

提示：高 $PM:PN=$ 底 $CD:AB$。

定和幂圆

这里有一道极简单的轨迹题："一动点 P 和两定点 A、B 的距离的平方和等于 $\overline{AB}^2$，求 P 点的轨迹"，我想同学们一定都会解。因为题中指定的条件是 $\overline{PA}^2 + \overline{PB}^2 = \overline{AB}^2$，从勾股定

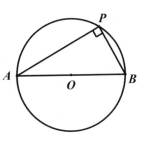

理的逆定理，立即可以推知 $\angle APB = 90°$，所以这动点 P 对两定点的连线 AB 张直角，它的轨迹一定是以 AB 为直径的双半圆。

我们来把上述的轨迹题推广一下，假使一动点 P 和两定点 A、B 的距离的平方和等于定值 k^2 时，它的轨迹会怎样呢？下面就是这一个问题的答案：

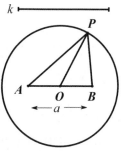

取 AB 的中点 O，这 O 也是一个定点。连 PO，那么 PO 是 $\triangle PAB$ 的 AB 边

上的中线。从定理"△两边的平方和,等于第三边上中线的平方的二倍,加第三边的平方之半",得 $\overline{PA}^2 + \overline{PB}^2 = 2\overline{PO}^2 + \frac{1}{2}\overline{AB}^2$。但题中的指定条件是 $\overline{PA}^2 + \overline{PB}^2 = k^2$,所以 $2\overline{PO}^2 + \frac{1}{2}\overline{AB}^2 = k^2$。设定长 $AB=a$,那么 $2\overline{PO}^2 = k^2 - \frac{1}{2}a^2$,$\overline{PO}^2 = \frac{1}{4}(2k^2 - a^2)$,$PO = \frac{1}{2}\sqrt{2k^2 - a^2}$ =定长。从此可见动点 P 和定点 O 的距离等于定长,它的轨迹是圆。

根据上面的研究,得如下一个重要轨迹题:

一动点 P 和两定点 A、B 距离的平方和等于定值 k^2,那么它的轨迹是一圆,这圆以 AB 的中点 O 为圆心,$\frac{1}{2}\sqrt{2k^2 - a^2}$ 为半径,但 a 是 AB 的长。

证 $\frac{1}{2}\sqrt{2k^2 - a^2}$ 的实长,可用作图法求得:先作等腰直角三角形 CDE,使两腰 $CD=CE=k$,那么斜边 $DK=\sqrt{2k^2}$。再作直角三角形 DEF,使斜边为 DE,一直角边 $EF=a$,那么另一直角边 $DF=\sqrt{2k^2 - a^2}$。最后,平分 DF 于 G,就得 $DG = \frac{1}{2}\sqrt{2k^2 - a^2}$。

这一种轨迹可简称为定和幂圆。有时也可以应用它来解轨迹问题。

【范例24】假设:从定圆 O(半径是 r)内的一个定点 A 引两条垂直的动线段 AM、AN,交圆于 M、N,弦 MN 的中点是 P。

求：P点的轨迹。

【思考】题中有两个定点A和O，研究动点P和A、O的距离是否相等或有定比。因为P是直角$\triangle AMN$的斜边中点，所以$PA=PM$，又PM是动弦MN的一半，PO是动弦和圆心的距离，可见PM和PO不一定相等，且没有定比，所以P的轨迹不是中垂线或阿氏圆。又P对AO所张的角不定，它的轨迹也不是双弓形弧。因$\angle OPM=90°$，从$\overline{PA}^2+\overline{PO}^2=\overline{PM}^2+\overline{PO}^2=\overline{OM}^2=r^2$＝定值，知道$P$的轨迹是定和幂圆。

解　连AP、AO、MO、PO，取AO的中点Q。因为P是直角$\triangle AMN$斜边的中点，所以$PA=PM$（直角$\triangle$斜边的中点距各顶点等远）。又因$OP\perp MN$（从弦的中点到圆心的线$\perp$弦），就是$\angle OPM=90°$，所以$\overline{PA}^2+\overline{PO}^2=\overline{PM}^2+\overline{PO}^2=\overline{OM}^2$（勾股定理）$=r^2$＝定值（定圆的半径是定长）。于是知$P$点和两定点$A$、$O$距离的平方和等于定值$=r^2$，它的轨迹是一个圆，该圆以$Q$为圆心，$\frac{1}{2}\sqrt{2r^2-\overline{AO}^2}$为半径。

定差幂线

再举一个简单轨迹题例子:"一动点 P 和两定点 A、B 的距离的平方差等于 $\overline{AB}^2$,求 P 点的轨迹",假使 $PA>PB$,那么题中的指定条件是 $\overline{PA}^2-\overline{PB}^2=\overline{AB}^2$,也可以根据勾股定理的逆定理,推得 $\angle PBA=90°$。所以动点 P 和定点 B 的连线常垂直于

定直线 AB,P 点的轨迹是过 B 而垂直于 AB 的一直线 XY。同理,假使 $PB>PA$,那么 P 点的轨迹是过 A 而垂直于 AB 的一直线 $X'Y'$。

把上例的问题推广一下,假使一动点 P 和两定点 A、B 的距离的平方差等于定值 k^2,那么 P 点的轨迹会怎样?我们来做如下的研究:

（ I ）先假定 $PA>PB$,在 AB 上求一轨迹的特殊点 C,求法如下:

设 AB 的长等于 a，它的中点是 M，那么 $\overline{CA}^2 - \overline{CB}^2 = k^2$，就是

$$k^2 = (CA+CB)(CA-CB)$$
$$= AB \cdot \big[(CM+MA)-(MB-CM)\big]$$
$$= AB \cdot 2CM = 2a \cdot CM,$$
$$\therefore CM = \frac{k^2}{2a}.$$

求 $2a$、k、k 的比例第四顶 x（求法见后图），那么 $2a : k = K : x$，$x = \frac{k^2}{2a}$，所以 $CM = x$。在 MB 上取 $CM = x$，就得 C 点，

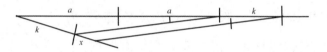

这 C 是一个定点。

（Ⅱ）继续研究符合条件的任意点 P 和特殊点 C 的关系。因 $\overline{PA}^2 - \overline{PB}^2 = k^2$，

$$\therefore \overline{PA}^2 - \overline{PB}^2 = \overline{AC}^2 - \overline{CB}^2 = 2a \cdot CM \cdots\cdots\cdots\cdots (1)。$$

若从 P 作 $PD \perp AB$，那么

$$\overline{PA}^2 - PB^2 = (\overline{DA}^2 + PD^2) - (\overline{DB}^2 + \overline{PD}^2) = \overline{DA}^2 - DB^2$$
$$= (DA+DB)(DA-DB) = AB \cdot \big[(DM+MA)-(MB-DM)\big]$$
$$= AB \cdot 2DM = 2a \cdot DM \cdots\cdots\cdots\cdots (2)。$$

比较(1)(2),得$CM=DM$,所以D点合于C点,PD合于PC,就是$PC \perp AB$,P点在过定点C而垂直于AB的直线XY上。

(Ⅲ)再在XY上任取一点P',因

$$\overline{P'A}^2 - \overline{P'B}^2 = (\overline{CA}^2 + \overline{P'C}^2) - (\overline{CB}^2 + \overline{P'C}^2) = \overline{CA}^2 - \overline{CB}^2 = k^2 ,$$ 所以P'点符合条件。

(Ⅳ)在$PA>PB$时,从(Ⅱ)知符合条件的点都在XY上,从(Ⅲ)知在XY上的点都符合条件。同理,$PB>PA$时,可在MA上取$C'M=x$,过C'作$X'Y' \perp AB$,那么符合条件的点都在$X'Y'$上,在$X'Y'$上的点都符合条件。

从上面的研究,又得一重要轨迹题:

一动点P和两定点A、B距离的平方差等于定值k^2,那么它的轨迹是过AB上的定点C或C'的一条垂线,这C或C'距AB的中点M是定长$\dfrac{k^2}{2AB}$;在$PA>PB$时,这垂线过MB上的C点,$PB>PA$时,过MA上的C'点。

这样的轨迹简称为定差幂线。有些轨迹题可以应用它来求得解答。

【范例25】求两等分两定圆的一个动圆的圆心的轨迹。

假设:两个定圆O和O',半径各是r和r',一动圆P两等分⊙O于A、C,二等分⊙O'于B、D。

求：动圆的圆心 P 的轨迹。

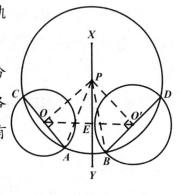

【思考】因动圆 P 两等分 $\odot O$ 和 O'，所以 AC、BD 各是 $\odot O$、O' 的直径，且各有定长，又定圆的圆心 O 和 O' 是两个定点，研究 P 和 O、O' 的关系，得 $\overline{PO}^2 = \overline{PA}^2 - \overline{OA}^2$，$\overline{PO}^2 = \overline{PB}^2 - \overline{O'B}^2$。两式相减，得 $\overline{PO}^2 - \overline{PO'}^2 = \overline{O'B}^2 = \overline{OA}^2 = r'^2 - r^2 =$ 定值，所以 P 点的轨迹是定差幂线。

解 AC、BD 是 $\odot O$、O' 的直径。连 OO'、PO、PO'、PA、PB，那么 $PO \perp AC$，$PO' \perp BD$。假定 $\odot O < \odot O'$，就得 $\overline{PO}^2 - \overline{PO'}^2 = (\overline{PA}^2 - \overline{OA}^2) - (\overline{PB}^2 - \overline{O'B}^2) = \overline{O'B}^2 = \overline{OA}^2 = r'^2 - r^2 =$ 定值。所以 P 的轨迹是 OO' 上过定点 E 的一条垂线 XY，这 E 点靠近 O' 的一端，和 OO' 的中点的距离是定长 $\frac{r'^2 - r^2}{2OO'}$。假定 $\odot O > \odot O'$，那么 E 点靠近 O 的一端。

研究题九

（1）一动点到一定圆上所引切线的长，等于这动点和一定点的距离，求这动点的轨迹。

（2）一动点到两定圆上所引的切线相等，求这动点的轨迹。[1]

（3）O是定圆，A是定点，一动圆P过A而和⊙O正交（就是过交点所引两圆的两切线互相垂直），求这动圆的圆心P的轨迹。

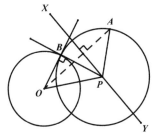

（4）一动圆P通过一定点A二等分一定圆O，求它的圆心P的轨迹。

---

1. 这轨迹叫作二定圆的根轴。

四 轨迹和作图的联系

轨迹和作图的相互利用

同学们读过了本书前面的三章，可以知道在探求轨迹的形状、位置和大小时，假使没有正确的作图方法，就很难达到目的。尤其是在较难的轨迹题中，要把所求的轨迹描绘出来，使它的必要性和充足性两方面都被充分考虑到，非利用熟练的作图法不可。可见几何作图法是在解轨迹题时不可缺少的一个好帮手。

学过几何作图的人，一定都知道有一种"轨迹相交"的特殊作图法。这种轨迹相交的作图，是用来求一个或数个符合所设条件的点的。因为每符合一个条件的点可以多到无穷，只能求出它的轨迹，而不能决定它的位置，所以所设的条件必须要有两个。从第一条件求得第一轨迹，从第二条件求得第二轨迹，这两个轨迹的交点能同时符合两个条件，就是所求的点。可见轨迹题在作图上也是很有用途的。

其实，我们把任何作图题的作法考查一下，除列入轨迹

相交法类的一部分问题,要利用轨迹外,其余类型的也全都要利用轨迹。同学们如果不信,可以看下面的实例:

在最基本的作图法中,"在所设直线XY上截取一线段,使其等于所设长l",只需以X为圆心,l为半径画圆,交XY于Z,这XZ就是所求的线段。这种作图方法,通常情况下虽不列入轨迹相交法一类,但实际上也是属于这一类的。因为所求线段的一端可径用X,要作出这一线段,只需求另一端Z的位置即可。根据题中的条件,这Z点必须在XY上,那么XY就可认作是Z点的每一轨迹。又从第二条件,Z和X的距离必须等于l,得Z的第二轨迹是以X为圆心、l为半径的圆。这样的两个轨迹的交点Z,就是所求线段的另一端。

又如"已知三边的长是a、b、c,求作三角形",这一个基本作图题的作法,一般虽不指明用的是轨迹相交法,但一开始就在任意直线上截取BC=a,这不就是上例所述的轨迹相交吗?接着以C为圆心、b为半径画圆,目的是为了使第三顶点A和C的距离必须等于b,它的轨迹就是一个圆;以B为圆心、c为半径画圆,同样是满足A和B的距离必须等于c。从这两个圆相交而得第三顶点A，不也是轨迹相交的方法吗？

照这样看来，凡是在作图时应用圆规画圆而得交点的一种方法就是轨迹相交法。解作图题一般都少不了要用圆规，所以都少不了要利用轨迹。

综上所述，知道解任何轨迹题都要靠作图来辅助，解任何作图题又都要用轨迹来求点，所以轨迹和作图有着密切的联系，是不可分割的。

基本轨迹在作图上的利用

本书第二章所讲的七条基本轨迹定理, 以及研究题一的 (3)(4) 两题, 在解作图题时都很有用。尤其是 "圆" 的基本轨迹, 可以说几乎所有的作图题都要用到它。关于许多利用基本轨迹的作图方法, 已经在《几何作图》一书中讲得很详细, 这里只举几个较难的例题和研究题, 让同学们进行复习。

【范例26】从定圆O外的一定点P, 求作一割线PAB, 使 PA+PB=定长l。

假设: 定圆O外有一定点P, 又定长是l。

求作: 割线PAB, 使PA+PB=l。

解析 假定PAB的圆内部分AB的中点是M, 那么PA+PB=(PM−AM)+(PM+MB)=2PM, 所以

$2PM=l$, $PM=\frac{1}{2}l$，M点距定点P等于定长$\frac{1}{2}l$，它的轨迹是以P为圆心，$\frac{1}{2}l$为半径的圆。又因$OM \perp AB$，所以$\angle PMO=90°$，M对二定点P和O的连线张直角，它的轨迹是以PO为直径的双半圆。作出这两个轨迹，就得M点，从而得所求的割线PAB。

作法 以P为圆心，$\frac{1}{2}l$为半径作圆，再拿P、O的连结线为直径作圆，两圆交于M，连PM，交$\odot O$于A，又延长交$\odot O$于B，就得所求的割线PAB。

证 因$\angle PMO=90°$（半圆内的弓形角是直角），所以$AM=MB$（从圆心所引弦的垂线必平分弦）。

又因$PM=\frac{1}{2}l$，所以$PA+PB=(PM-AM)+(PM+MB)=PM-AM+PM+AM=2PM-l$。

讨论 假定从P所引$\odot O$的切线的长是a，那么$PO>\frac{1}{2}l>a$时，两个轨迹有M和M'两个交点，且都在$\odot O$内，所以有两解。假定$\frac{1}{2}l=PO$，那么两轨迹切于O，只有一解。又$\frac{1}{2}l \not> a$时，两轨迹虽仍有两交点，但这两个交点在$\odot O$上或$\odot O$外，所以没有解。

【范例27】已知三角形的一角，又知这角对边上的中线和高的长，求作这三角形。

假设：一角B的大小是β，对边上的中线的长是mb，高是hb。

求作：三角形。

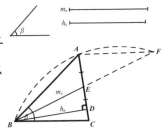

解析　假定∠B的对边上的中线是BE，高是BD，那么$BE=m_b$，$BD=h_b$，∠$BDE=90°$，△BDE可以先作（边、边、角）。

要作△ABC，只需继续决定A和C的位置即可。要定A点的位置，因A点必在过D、E两点的线上，所以这线就是A点的第一轨迹。再延以BE为F，使$EF=BE$，那么$ABCF$是▱，∠$BAF=180°-β$，就是A点对两定点B、F的连结线张一定量的角，所以A点的第二轨迹是拿BF做弦，而含$180°-β$的角的双弓形弧。从这两个轨迹可定A点。至于定C点的方法，很简便，只要在ED的延长线上取$EC=EA$即可。

作法　先作△BDE，使$BE=m_b$，$BD=h_b$，∠$BDE=90°$。延长BE到F，使$EF=BE$。以BF为弦作一含$180°-β$的角的弓形弧，交DE的延长线于A。又在ED的延长线上取$EC=EA$。那么△ABC就是所求的三角形。

证　因$ABCF$是▱（对角线互相平分的四边形是▱），所以∠$B+∠BAF=180°$（▱的邻角互补），就是∠$B+180°-β=180°$，∠$B=β$。其余见作法中。

讨论　$m_b<h_b$时无解。$m_b=h_b$时所求的是等腰三角形，可另用简法作图。又A点的第二轨迹是双弓形弧，和ED或DE的延

长线有两个交点, 但因这两个交点距E等远, 所以以任一交点定作A, 另一交点就是C, 只能算作一解。

研究题十

（1）过定圆O内的一个定点P，求作一弦APB，使$PB-PA=$定长l。

（2）在定圆中，过一定点求作一弦，使其等于定长。

提示：先在任意位置作一等于定长的弦，再利用轨迹定所求弦的中点。

（3）在定直线上求一点，使这点所作定圆的切线等于定长。

提示：利用范例11的轨迹。

（4）已知一角，这角对边上的高，又知另一边上的中线，求作三角形。

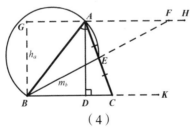

（4）

（5）已知顶角、底边上的高，又知周界，求作三角形。

提示：假使$EB=AB$，$FC=AC$，

那么$\angle 1=\angle 2=\frac{1}{2}\angle B$，

$\angle 3=\angle 4=\frac{1}{2}\angle C$，

$$\angle BAF = \angle A + \frac{1}{2}\angle B + \frac{1}{2}\angle C$$

$$= 90° + \frac{1}{2}\angle A_{\circ}$$

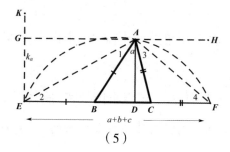

（5）

重要轨迹在作图上的利用

重要轨迹题中的阿氏圆同定差幂线等,在作图上也很有用,下面举两个例子:

【范例28】已知底边、顶角,又知其他两边的比,求作三角形。

假设:底边 BC 的长是 α,剩余两边 AB、AC 的比是 $m:n$。

求作:三角形。

解析　假定 $\triangle ABC$ 已经作成,$BC=a$,$\angle A=\alpha$,$AB:AC=m:n$,那么顶角的顶点 A 一定在以 BC 为弦而含 α 角的弓形弧上(第一轨迹)。又一定在按 $m:n$ 内外分 BC 的两分点 D、E 间的距离为直径的圆上(第二轨迹)。

作法　　作 $BC=a$，内外分 BC 于 D、E，使 $DB:DC=EB:EC=m:n$。以 DE 为直径作圆，再以 BC 为弦作弓形弧，使这弧所含的弓形角等于 α，交前圆于 A。连 AB 和 AC。那么 $\triangle ABC$ 就是所求的三角形。

证　　过 C 作 AB 的平行线，交 AE 于 F，交 AD 的延长线于 G。因为

$$\triangle ABD \backsim \triangle GCD,\ \triangle ABE \backsim \triangle FCE,$$

$$\therefore\ AB:GC=DB:DC=m:n\cdots\cdots\cdots\cdots\cdots(1)，$$

$$AB:FC=EB:EC=m:n\cdots\cdots\cdots\cdots\cdots(2)。$$

比较（1）（2），得 $GC=FC$。但 $\angle DAE=90°$（半圆内的弓形角），所以 $GC=AC$（直角 $\triangle$ 斜边的中点距各顶点等远），代入（1）式，得 $AB:AC=m:n$。

其余见作法中。

讨论　　第一轨迹是双弓形弧，和第二轨迹的阿氏圆有两个交点 A 和 A'，但 A 和 A' 关于 BC 对称，所以 $\triangle A'BC \cong \triangle ABC$，只能算作一解。

【范例29】求作一圆，过两定点，且二等分一定圆。

假定：两定点 A、B，一定圆 O 的半径是 r。

求作：一圆过 A、B，二等分 $\odot O$。

解析　　假定所求的圆的圆心是 P，那么 P 点一定在 AB

的中垂线上（第一轨迹），又
假定 ⊙P 交 ⊙O 于 C、D，那么
CD 是 ⊙O 的直径，PO⊥CD，

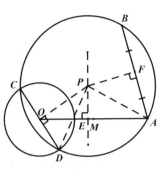

$\overline{PA}^2 - \overline{PO}^2 = \overline{PD}^2 - \overline{PO}^2 = \overline{OD}^2 = r^2 = $定值，

所以 P 点一定在定差幂线上（第
二轨迹）。

　　作法　连 OA，取中点 M，在 O、M 间取 E 点，使 $EM = \dfrac{r^2}{2OA'}$，

过 E 作 OA 的垂线，交 AB 的中垂线于 P。以 P 为圆心、PA 为半径
作圆，就是所求的圆。

　　证　假定 ⊙P 交 ⊙O 于 C、D，连 PO、CO、DO、PD，因为
$EM = \dfrac{r^2}{2OA'}$，

　　$\therefore\ r^2 = 2EM \cdot OA = (EA - OE)(EA + OE) = \overline{EA}^2 - \overline{OE}^2$

　　　　$= (\overline{PA}^2 - \overline{PE}^2) - (\overline{PO}^2 - \overline{PE}^2) + \overline{PA}^2 - \overline{PO}^2$.

　　又因 PA = PD，DO = r，代入上式，得 $\overline{DO}^2 = \overline{PD}^2 - \overline{PO}^2$，从
勾股定理的逆定理，可证 ∠POD = 90°。

　　同理，∠POC = 90°，所以 COD 成一直线，是 ⊙O 的直
径，一定分 ⊙O 成二等分。

　　讨论　O、A、B 三点共线时无解，否则常有一解。

研究题十一

（1）已知底边，底边上的高，又知其他两边的比，求作三角形。

（2）已知顶角，又知顶角平分线所分底边的二分的长，求作三角形。

提示：参阅研究题八（1）。

（3）四定点 A、B、C、D 顺次排列在一直线上，试在直线外求一点 P，使

$$\angle APB = \angle BPC = \angle CPD.$$

提示：同上题，但需注意 AB、BC、CD 三线段中若 BC 最大就没有解。

（4）在定直线 XY 的同侧有两定圆 O 和 O'，试在 XY 上求一点 P，使从 P 到两定圆所引的切线相等。

提示：参阅研究题九（2）。

（5）在 $\triangle ABC$ 内求一点 P，使它同三边距离的比等于 $m:n:p$。

提示：利用定比双交线。